미래의 과학자들에게

未来の科学者たちへ
MIRAI NO KAGAKUSHA TACHI HE
©Yoshinori Ohsumi, Kazuhiro Nagata 2021
First published in Japan in 2021 by KADOKAWA CORPORATION, Tokyo.
Korean translation rights arranged with KADOKAWA CORPORATION, Tokyo through Danny Hong Agency.
이 책의 한국어판 저작권은 대니홍 에이전시를 통한 저작권사와의 독점 계약으로 마음친구에 있습니다.
저작권법에 의해 한국 내에서 보호를 받는 저작물이므로 무단전재와 복제를 금합니다.

미래의 과학자들에게

노벨상 수상자가 내일의 과학자들에게 전하는
과학의 매력과 즐거움

오스미 요시노리
나가타 가즈히로 지음

구수영 옮김

마음친구

서장

과학만큼
즐거운 직업은 없다

대담
오스미 요시노리 vs 나가타 가즈히로

과학의 세계에
오신 것을 환영합니다

나가타 여러분, 이 책을 펼쳐주어 감사합니다. 저와 오스미 씨는 오랜 기간 교제를 이어온 친구입니다. 지금도 오스미 씨를 비롯한 다른 동료들과도 자주 만나 과학 이야기뿐 아니라 다양한 주제로 이야기를 나눕니다. 저희는 고등학생 시절에 과학의 재미를 알게 되었고 그로부터 여러 차례 길을 잃고 실패를 경험하며 지금까지 과학을 계속하고 있습니다. 이렇게 먼 길을 돌아온 경험을 이 책에서 구체적으로 이야기하려고 합니다. '과학자'라고 하면 여러분은 아주 뛰어나고 부지런한 사람, 밤잠을 설치며 실험에 매진하는 모습을 떠올릴 테죠. 그러나 결코 그렇지 않습니다. 특별히 머리 좋은 사람이나 괴짜들만 과학을 하는 것이 아닙니다. 그런 고정된 편견을 바꿔주었으면 합니다.

오스미　과학자란 누구보다 자신의 마음 가는 대로 살아갈 수 있는 직업이라고 생각합니다. 적어도 대학교수는 스스로 연구 주제를 정해 자기 책임 하에 해나갈 수 있지요. 과학은 자신이 재미있다고 생각하는 것을 자유롭게 추구할 수 있는 몇 안 되는 직업 중 하나입니다. 이 책에서 '과학자가 된다는 것'의 매력을 여러분에게 전하고 싶습니다.

나가타　'과학자'라고 하면 가장 먼저 떠올리는 과목이 수학과 물리가 아닐까요. 그래서 수학과 물리를 잘해야 한다고 생각하기 쉽지만 절대 그렇지 않습니다. 저는 과학자에게 가장 필요한 자질 중 하나가 '무언가를 정말로 재미있다고 생각할 수 있는가' 즉 재미있다고 느끼는 능력이라고 생각합니다.

오스미　맞습니다. 하지만 제가 지금 대학에서 느끼는 것은 그와 사뭇 다릅니다. 요즘 학생들은 재미있는 일보다 사회에 당장 도움이

과학은 자신이 재미있다고 생각하는 것을 자유롭게 추구할 수 있는 직업입니다. '과학자가 된다는 것'의 매력을 여러분에게 전하고 싶습니다.

되는 일을 해야 한다고 생각하는 것 같아요. 그렇지 않다고 말해도 수긍하지 못하더군요. 중성미자 천문학을 창시한 일본의 천체물리학자로 2002년 노벨물리학상을 수상한 고시바 마사토시 씨는 "그 연구는 어디에 도움이 되나요?"라는 기자의 질문에 "아무 도움도 되지 않습니다"라고 답해 화제를 모았죠. 지금 대학의 연구자 중에 그렇게 단언할 수 있는 사람이 얼마나 될까요? 도움이 되는 연구를 해야 한다는 생각과 관련해 한 번도 실패해서는 안 된다는 풍조도 걱정입니다. 강연회에서 중고생들을 만날 기회가 있는데 "어떻게 하면 실패하지 않는 연구자가 될 수 있나요?" "실패했을 때 어떻게 하나요?" 같은 질문이 매번 나오거든요. 도전하기도 전에 실패하는 것부터 걱정하고 있어요.

나가타 저는 오히려 터무니없는 생각을 하고는 합니다. '혹시라도 이렇게 될 가능성이 있을지 몰라' 하고 생각하고 실험을 진행하면 대체로 실패합니다. 하지만 실수한다고 그 사람이 곧 실패자가 되는 건 아니지 않을까요? 실패를 통해 얼마나 배웠는가가 이후의 성공에 그대로 반영됩니다. 실패를 권하는 건 아니지만 과학 연구자의 세계란 다른 분야와 다르게 실패에 의미가 있는 세계 혹은 실패가 뜻밖의 새로운 발견을 끌어내는 흔치 않은 세계입니다. 그렇기에 과감히 도전할 수 있죠. 이 점을 중요

> 실패를 통해 얼마나 배웠는가가 이후의 성공에 그대로 반영됩니다.
> 과학 연구자의 세계란 실패에 의미가 있는 세계, 실패가 뜻밖의 새로운 발견을 끌어내는 세계입니다.

하게 여겨주었으면 합니다. 실패하고 싶지 않다는 마음은 이해합니다만 그 이면에는 어서 성과를 내고 싶다거나 빨리 교수가 되고 싶다는 조급함이 있는지 모릅니다.

오스미 인생 100세 시대가 되었으니 좀 더 먼 길을 돌아가면 좋겠습니다. 만 스물둘의 이른 나이에 대학원에 진학하는 나라는 일본뿐입니다. 미국과 유럽은 서른 넘어 대학원에 가는 사람도 많습니다. 방황하고 헤매면서 먼 길을 돌고 난 뒤에 '하고 싶다'는 간절한 마음으로 대학원에 갑니다. 그렇게 먼 길을 돌아오기에 과학의 세계가 더욱 풍성해지는 것 아닐까요? 멀리 돌아온 것 같아도 실은 돌아온 길이 아니었다고도 할 수 있죠.

나가타 제가 바로 그렇게 먼 길을 돌아온 사례라고 할 수 있겠네요.

과학은 사람이 하는 일

나가타 그런데 이번 코로나19 사태를 과학자 입장에서 보시면 어떤가요? 저는 사회와 과학이 매우 가깝게 다가선 흔치 않은 사례라고 느끼고 있습니다. 지금까지는 '과학=지식'이라고 여겼지만 사실 '과학=인간의 활동'이라는 사실을 아는 기회가 되기도 했습니다. 과학은 이미 완성된 것을 일방적으로 배우는 것이 아니라 언제나 '현재진행형'이며 어디까지나 지금 행해지고 있는 인간 활동이라는 것이죠. 새삼 과학의 역할과 과학자 본연의 자세에 대해 생각해보는 계기가 되었습니다.

오스미 감염이 발견되고 1년 만에 백신이 만들어졌습니다. 코로나19 관련 논문도 아주 많이 나왔습니다. 아직 모르는 것이 많지만 사람들이 집중해 문제를 해결하고자 노력한 결과입니다. 과학이 해결할 수 있는 것이 많다는 긍정적인 메시지를 전했다고 생각합니다. 다만 저는 그 과정을 보며 신경 쓰이는 점이 있었습니

> **과학은 이미 완성된 것을 배우는 것이 아니라 지금 행해지고 있는 현재진행형의 인간 활동입니다**

다. 코로나19 사태가 벌어지는 동안 TV에 나온 전문가들 대부분이 감염학자였습니다. 그들은 감염병 대책 전문가이기에 어떻게 하면 감염을 막을 것인가에 관해 이야기했습니다. 저희 같은 기초과학 연구자와 미생물학자가 이야기할 기회는 거의 없었지요. 저희는 바이러스란 무엇인가, 어떤 특징을 가졌는가에 대해 이야기할 수 있습니다. 보다 근본적인 설명을 할 수 있죠. 그런데 이런 설명 없이 어떻게 하면 감염이 된다, 안 된다는 이야기만 거론되어 일반인들이 지나치게 두려워하는 면이 없지 않았습니다.

나가타 맞는 말씀입니다. 모두가 필요 이상으로 두려워했습니다. 가령 지금도 사람들은 코로나19의 원인인 바이러스가 '병균'이라고 말하곤 합니다. 병균은 생물학적으로는 세균인데, 바이러스와 세균은 다릅니다. 그렇기에 감염된 사람을 '보균자'라고 말하는 것은 옳지 않죠. 세균은 그 자체로 살아 있지만 바이러스는 다른 생물, 즉 사람과 동식물, 다른 세균에 감염하여 그들이 가진 장치를 빌리지 않으면 자가 증식할 수 없죠. 바이러스는 자신의 유전자는 가지고 있지만 '남의 몸'을 빌리지 않으면 살 수 없다는 말입니다. 그렇기에 엄밀한 의미에서 '생물'로 간주하지 않는 것이 일반적인 이해입니다. 3밀(밀접·밀폐·밀집)을 피하라고 하는 이유도 코로나19의 원인이 바이러스이기 때문입니다. 바이러스란 숙주 밖으로 나가면 단독으로는 살 수 없습니다. 코로나19도 사람을 감염시키는 것 말고는 자신을 늘릴 방법이 없죠. 이 점을 이해하면 왜 3밀을 피하지 않으면 안 되는지 더 쉽게 납득할 수 있었을 것입니다.

일본 과학의 현재

나가타 저희가 이 책을 쓰려고 마음먹은 동기는 과학의 즐거움과 훌륭함을 많은 사람, 특히 젊은 세대에게 전하고 싶었기 때문입니다. 지금은 과학에 관한 즐겁고 긍정적인 화제가 예전보다 많이 줄었습니다. 대신에 과학이 '사회에 도움이 되는가 되지 않는가' 하는 기준에 매여 있는 것 같습니다. 그러나 과학은 사실 훨씬 자유롭고 즐거운 활동이라는 점을 알리고 싶습니다. 이것은 일본 과학의 현재와 미래를 걱정하는 마음이기도 합니다. 코로나

> **지금은 과학이 '사회에 도움이 되는가 되지 않는가'의 기준에 매여 있습니다. 과학은 이보다 훨씬 자유롭고 즐거운 활동이라는 점을 알리고 싶습니다.**

19를 예로 들면 전 세계적으로 엄청난 속도로 백신이 만들어졌지만 일본은 거기에서 완전히 뒤처졌습니다.

오스미 과거에는 대기업이 저마다 중앙연구소를 운영했고 대학교수에 필적할 정도의 실력 있는 연구자도 많았습니다. 기업의 중앙연구소는 회사 이익에 직결되는 활동뿐 아니라 다양한 기초과학 연구도 수행했습니다. 가령 NEC(일본전기주식회사)의 연구소는 노벨상 수준의 연구자가 여러 명 있을 정도로 활기가 넘쳤습니다. 그런데 그 후로 모든 기업이 점차 중앙연구소의 문을 닫고 말았어요. 지금까지 중앙연구소를 남겨둔 기업은 거의 없습니다. 기업이 더는 기초과학을 하지 않겠다고 선언한 것이나 다름없지요. 가령 다케다약품공업이 그런 예입니다. 도카이도선東海道線에서도 보일 정도로(도쿄 근교 철도 구간 노선의 하나) 거대한 규모의 쇼난연구소가 문을 닫았고 지금은 산학관産學官 연계 사업에 임대되었습니다. 연구원도 3분의 1로 줄었고요. 저는 일본 최대 제약기업인 다케다약품공업의 이런 방침 전환에 큰 충격을 받았습니다. 물론 기업 전략의 측면에서 보자면 살아남기 위해 자체 연구를 중단하고 잘 나가는 해외 벤처를 사 모으는 것도 하나의 선택인지 모릅니다. 그렇게 해서 20~30년은 살아남을지도 모르지요. 하지만 일본 기업이 모두 그런 방침을 택한다면 어떻게 될까요? 그에 걸맞은 연구가 국가기관에서 이루어지면 몰라도 그렇지 않다면 분명 일본의 기초 연구력은 저하되고 말 것입니다. 더구나 다음 연구를 시작하는 데 필요한 인력도 고갈될 것입니다.

나가타 그 결과 중 하나가 이번 백신 개발 경쟁에서 일본이 뒤처진 결과로 나타난 거군요. 환자 수가 적어 치료 실험을 하기 어려웠다는 점도 있었지만요. 이는 코로나19에 대한 논문 수로도 나타나고 있습니다. 2021년 7월 기준, 가장 많은 논문이 나온 나라는 미국이고 다음은 중국입니다. 일본은 16번째입니다. 정말 적네요.

오스미 당장 도움이 되는 연구를 해야 한다는 학생들의 강박이나 코로나19의 논문 수는 현재 일본 과학이 놓인 상황과도 깊은 관계가 있어 보입니다. 국가에서 대학 연구자에게 주는 연구비의 편중 문제도 논의해 보고 싶습니다.

나가타 전에 제가 오스미 씨가 주재하는 오스미기초과학창성재단의 팸플릿에 기고한 바와 같이 이런저런 방재·방역 예산이란 지금 당장 도움이 된다는 이유로 편성해서는 안 됩니다. 오히려 방재·방역 예산은 '도움이 되지 않아 다행이다'라는 성격을 갖습니다. 따라서 도움이 된다면 실제로는 곤란하다는 쪽으로 발상의 전환이 필요합니다. 코로나19도 그렇지만 백 년에 한 번 일어날지 모르는 일도 만약 일어났을 때 수만, 수십만 명의 생명을 구하려면 지금 당장 실속이 없어도 예산을 편성하겠다는 판단이 필요한 게 방재·방역 예산이 아닐까요. 지금 당장 도움이 된다, 되지 않는다는 발상으로는 적절히 대응할 수 없지요.

오스미 정말 그런 발상 면에서 일본은 취약하네요. '왜 이렇게 쓸데없는 짓을 하는 거지? 당장 도움이 안 되는 일에 왜 국민의 혈세를 쓰는 거지?' 국가 행정부는 물론이고 일반 국민들의 의식에도 이런 생각이 스며든 것 같아 걱정입니다. 모두가 그렇게 생각하면 결국 우리가 해온 기초과학의 토대는 무너지고 맙니다. 지금 우리 사회는 도움이 될지 안 될지를 향후 몇 년 단위로밖에 생각하지 못하고 있습니다. '도움이 되어야 한다'는 강박적인 주술에 매여 있다고나 할까요. 사람들이 떠올리는 시간 단위의 문제인지도 모릅니다. 기초과학도 분명 백 년 후에는 도움이 될지 모르는데 말이죠.

당장 도움이 되는 일만 해야 한다고 생각한다면 기초과학의 토대는 무너지고 맙니다. 기초과학도 분명 백 년 후에는 도움이 될지 모릅니다.

처음부터 전공을
정하지 않아도 좋다

나가타 '도움이 된다, 되지 않는다'는 이야기와도 연결되지만 미래의 과학자 여러분에게 꼭 전하고 싶은 것이 있습니다. 그것은 전공뿐 아니라 전공 외의 것에도 관심을 가졌으면 한다는 점입니다. 저는 종종 연구실 학생들에게 이렇게 말합니다. "과학자를 만나 과학 이야기조차 못한다면 문제다. 하지만 과학 이야기밖에 못한다면 그것도 너무 재미없다. 지금까지 내가 만난 훌륭한 과학자들은 다들 재미있는 사람이었다." 그들의 무엇이 재미있었을까요? 그들은 전공 외의 이야기를 꺼내도 무엇에든 관심을 보입니다. 일본 문학을 화제로 삼아도 저보다 잘 아는 이도 많아 자주 놀라곤 합니다.

오스미 정말 그렇습니다. 저도 여러 곳에 기고했지만 외국의 연구자가

**미래의 과학자 여러분은 전공 외의 것에도 관심을 가졌으면 합니다.
지금까지 내가 만난 훌륭한 과학자들은 다들 재미있는 사람이었습니다.**

"오즈 야스지로 감독의 이 영화 봤어요?"라고 묻기도 합니다. "구로사와 아키라 감독의 ○○○에 대해서는 어떻게 생각하나요?" "무라카미 하루키의 ○○○는 어떻게 느꼈어요?"처럼 아무렇지 않게 화제를 던집니다. "죄송합니다. 아직 못 봤습니다"라고 답한 경우가 종종 있었어요. 아마 그들이 어렸을 때부터 그런 식의 교육을 받는다는 점과 함께 시간적, 정신적으로 여유가 있기 때문이 아닐까 합니다.

나가타 오스미 씨가 계신 도쿄공업대학은 교양 교육에 힘을 쏟고 있지요?

오스미 확실히 도쿄공업대학은 리버럴아츠(교양 교육)를 소중히 여기는 드문 대학입니다. 하지만 애초에 공업대학이라는 점에서 한계가 있습니다. 요즘 학생들의 경향을 보면 대학의 교육 내용보다 졸업 후 취직에 유리한지가 대학 선택의 기준이라고 하니까요. 솔직히 2016년에 제가 노벨상을 받았을 때 도쿄공업대학에 생물 전공을 희망하는 학생이 늘어날까 기대했지만 아주 조금 늘긴 했어도 큰 영향은 없었습니다. 저는 대학 시절 교양학부 2년 동안은 책을 꽤 읽었습니다. 두툼한 러시아문학이나 여러 가지를 닥치는 대로요.

나가타 저도 교양학부 1학년 때 반년은 거의 학교에도 가지 않고 러시아문학만 읽었습니다. 그 긴 러시아문학을 읽을 수 있었던 건 그때뿐이었죠.

오스미 지금은 아무래도 읽기 어렵겠죠. 여유 시간은 물론 체력도 필요하니까요. 제가 교양학부 때 대학 구내서점에는 문학 전집과 철학책이 즐비했습니다. 그 시대의 분위기라고 할지도 모르지만요. 유명 출판사들도 그런 책을 많이 냈습니다. 그런데 지금은 문학 전집을 읽는 학생이 없어요. 도쿄공업대학 구내서점에 가 보면 대학에서 안 팔았으면 하는 책들뿐입니다. 전문서 해설서라든지 비즈니스 서적 같은 것 말이죠. 한번 불평하려고 마음먹고 있습니다.

나가타 대학 자체의 문제이기도 하지만 사회 전체가 그런 방향으로 향하고 있습니다. 고등학교 때부터 전공 교육을 한다는 이야기도 있어요. 어서 빨리 도움이 되는 인재를 배출해야 한다는 거죠.

오스미 그것이 지금의 트렌드입니다. 하지만 한편으로는 사회가 반성기에 들어서지 않았나 싶기도 합니다. '도움이 되는 인재'만으로 글로벌 인재가 나올 수 없다는 사실을 깨닫기 시작한 거죠. 저는 재단 업무상 여러 기업의 수장들을 만날 기회가 있는데 그런 위기감을 느끼는 기업인들이 많았습니다. 가령 기타큐슈에 야스카와전기라는 모터 기업이 있습니다. 작은 모터를 만드는 기업으로 로봇산업에도 크게 기여하고 있지요. 이 기업도 전에는 '지구상에 존재하는 가장 작은 모터는 뭘까? 박테리아의 편모 모터 아닐까?' 하는 생각에 열 명 가까운 인원이 연구했다는 말을 듣고 저는 놀랐습니다. 그 회사 분이 최근 우리 재단 활동에 참여하면서 이렇게 말했습니다. "이제 다시 기초연구를 부활시키려고 합니다. 열심히 공부하겠습니다." 새로운 기술 개발에서도 점점 다방면에 걸친 종합적인 해석이 필요해지고 있습니다. 여러 사람이 모여 서로 다른 시각으로 논의해야 새로운 가능성이 보이지 않을까 합니다.

과학은 사회적인 존재

오스미 과학의 세계에서 성공한 사람들만 바라보다 보면 이런 생각이 듭니다. '굉장하네. 하지만 나한테는 무리야. 그만둬야지'라고 말입니다. 하지만 다양한 사람이 있기에 과학자의 세계가 존립한다는 점도 반드시 기억했으면 합니다. 과학자란 자기 혼자 활동하는 사람이 아니라 사회적인 존재이기도 합니다. 한 사람의 인간은 집단 속에서 성장하며 그 집단에 다양한 사람이 있는 것이 중요합니다. 평가 기준에서 벗어나는 듯 보이는 사람도 있습니다만 그러한 다양성 때문에 새로운 발견이 가능해집니다.

나가타 저도 그야말로 그렇게 생각합니다. 과학자의 큰 기쁨 중 하나는 토론이 아닐까요? 저는 토론에서 기쁨을 찾지 못하면 과학자가 되어도 의미가 없다고 생각합니다. 토론이 재미있는 점은 '당신은 그렇게 말하지만 이런 사고방식도 있어'처럼 다른 생각을 드러내는 부분입니다. 듣는 쪽에서는 '그렇게 생각할 수도 있구나' 하고 깨닫게 됩니다. 토론을 통해 나의 사고방식과 세계가 열리고 확장되는 것을 경험합니다. 맞장구만 치는 사람과는 대화를 나눠도 재미가 없습니다. 그런데 요즘 젊은이들은 자기 의견과 반대되는 말이라면 굉장히 무서워하는 것 같습니다.

오스미 정말 그렇습니다. 다른 의견이 있어야 비로소 토론이 이루어집

**과학자란 혼자 활동하는 사람이 아니라 사회적인 존재이기도 합니다.
연구자 집단에 다양한 사람이 존재할 때 새로운 발견이 나옵니다.**

니다. 같은 의견을 가진 사람뿐이라면 토론할 필요가 없겠죠. 이것은 매우 근본적인 관점입니다. 과학의 세계에 다양한 사고방식을 가진 사람이 필요한 이유입니다. 물론 이것은 과학의 세계에 국한되는 이야기는 아닙니다. '이런 사람이 과학자이며 과학자는 응당 이래야 한다' 같은 정형화된 유형도 없습니다. 그러면 재미가 없겠죠. 그런 정형화된 유형 때문에 과학의 길에 선뜻 발을 내딛지 못하는 젊은이가 있다면 영역을 넓혀주고 싶습니다. 발을 들여놓지 않으면 자신이 할 수 있는지 없는지조차 알 수 없을 테니까요.

나가타 그런 젊은이를 응원하는 사회가 되면 좋겠습니다. 그 길을 저희 나름대로 생각해 보려는 뜻이 이 책의 탄생으로 이어졌습니다. 앞으로 일본은 인구가 점점 감소해 초고령사회가 될 것입니다. '사람도 줄고 돈도 줄어드는 사회에서 쓸모없는 과학을 할 필요가 있나' 이런 의문을 가진 사람도 있을 것입니다. 이 책이 지금 왜 과학이 필요한지, 과학이 도움이 된다는 것은 어떤 의미인지, 과학이 생각보다 재미있다고 젊은이들이 생각하는 계기가 되었으면 합니다.

이 책이 지금 왜 과학이 필요한지, 과학이 도움이 된다는 것은 어떤 의미인지, 과학이 생각보다 재미있다고 젊은이들이 생각하는 계기가 되었으면 합니다.

목차

서장
과학만큼 즐거운 직업은 없다 004
대담 오스미 요시노리 vs 나가타 가즈히로

과학의 세계에 오신 것을 환영합니다 | 과학은 사람이 하는 일 | 일본 과학의 현재 | 처음부터 전공을 정하지 않아도 좋다 | 과학은 사회적인 존재

1부
과학 연구의 묘미
세상에서 나만이 알고 있다

1장
과학 연구는 재미에서 출발한다 028
나가타 가즈히로

재미있는 것을 선택한다 | 역시 연구자가 되자 | '그들 중 하나'로는 재미가 없다 | 씨앗을 뿌리려는 자세가 기초연구 | 연구 현장은 대담하게 걸어라 | 제로에서 시작해 얻는 기쁨 | 과학자는 낙관주의자여야 | 재미를 추구하는 자유 | 놀라움과 감동을 소중히

2장
일등보다 누구도 하지 않는 새로운 것을 062
오스미 요시노리

2차 세계대전 종전 해에 태어나 자연 속에서 | 분자생물학과의 만남 | 미국으로 건너가 뉴욕에서 유학 생활 | 다른 사람이 하지 않는 연구를 하자 | 틀림없이 재미있는 현상을 만났다! | 오토파지와 관련된 유전자를 특정 | 차례로 밝혀지는 사실로 세계를 독주 | 그때그때 최선을 다한다

2부 효율화되고 고속화된 오늘날에

3장
기다림에 익숙하지 않은 우리 100
나가타 가즈히로

알기 위해 쓰는 시간 | 비효율적인 시간이 흥미를 부풀린다 | '생각지도 못했다'가 사라진다 | 뒤처짐 증후군 | 주어지는 지식에서 원하는 지식으로 | 지식에 대한 존경심 | 결과가 아니라 과정에 기쁨이 | 내가 보지 못하는 것을 제시하는 사람과의 만남 | 멋진 '이상한 녀석'들

4장
안전 지향의 틀을 깨다 130
오스미 요시노리

좋아하는 일을 할 수 있어서 좋다? | 연구자는 무엇이 재미있을까 | 연구와 돈 | 과학자에게는 다양성이 필요하다 | '잘하는 것'이 아니라 '못하는 것'으로 정해지는 진로 | 연구자를 키우는 환경 | 토론하는 일상, 틀어박히는 일상 | 젊은 이의 특권과 안전 지향 | 실패를 두려워하지 않아도 좋다 | 미지의 세계는 앞이 보이지 않기에 더욱 즐겁다 |

3부
도움이 되어야 한다는 속박에서 벗어나자

5장
'풀기'가 아니라 '묻기'를 164
나가타 가즈히로

답하는 것보다 묻는 것이 중요 | 어떻게 물을까 | 답의 끝에 새로운 물음이 | 곧장 납득하지 말 것 | 공자의 급진적 교육관 | 비효율적인 체험이 예상외의 대응력을 키운다 | 실패에 도전하다 | 다른 사람의 일을 내 일처럼 재미있어하는가

6장

과학을
문화로   196
오스미 요시노리

과학을 가깝게 느끼기 위해 | 끝이 없는 가설과 검증의 사이클 | 오늘날 과학의 역할 | 우선 과학이란 무엇인지 생각해보자 | 과학과 기술의 평가에는 시간이 걸린다 | 국가에 의존하지 않는 기초과학 연구 지원

종장

앞날이 불투명한
시대의 과학   220
대담 오스미 요시노리 vs 나가타 가즈히로

앞이 보이지 않는 불안 | 대학의 전문학교화 | 좋은 실패와 나쁜 실패 | 게놈 편집과 재생의료 | 도움이 되지 않아도 과학에는 기쁨이 있다 | '오스미재단'이라는 사회 실험

추천사

진정 과학자여서 행복합니다   252
백성희(서울대학교 자연과학대학 생명과학부 교수)

1부

과학 연구의 묘미

세상에서 나만이 알고 있다

과학 연구의 최전선에서 활약해온 두 사람은 어떤 어린 시절을 보냈을까. 학생과 연구자로 나아가는 과정에서 어떤 마음으로 연구에 임했을까. 물론 실패도 있었을 테고 먼 길을 돌아오기도 했을 것이다. 두 사람의 인생 흐름에 귀를 기울이며 아울러 당시의 시대상에도 주목해보자.

1장

과학 연구는
재미에서 출발한다

나가타 가즈히로

재미있는 것을 선택한다

사람들은 매일 무언가를 선택하며 살아간다. 크고 작은 선택을 하는 중에 때로 인생의 미래를 좌우할 만큼 중요한 선택의 기회도 찾아오고는 한다. 나는 그런 선택지 앞에서 재미있는 것과 안전한 것이 있을 때 일단 재미있는 쪽을 택했다. 위험이 있지만 재미있어 보이는 것과, 재미없어 보이지만 안전한 것 두 가지 중 어느 것을 택하는가는 매우 중요한 문제다.

다행히 나는 30대가 끝날 무렵 내 연구실을 갖게 되었는데 학생들을 지켜보며 항상 그렇게 말해 왔다. 안전한 길을 택함으로써 얻는 안락함도 있지만 한 번밖에 없는 인생이라면 가능한 한 자신이 가장 하고 싶은 일, 재미있는 일을 하길 바란다고. 내가 학생들에게 재미있는 쪽을 택하라고 하는 데는 이유가 있다. 과학자인 나 자신이 무수한 '실패'를 경험했지만 수많은 선택 장면에서 재미있는 길을 선택한 것에 조금도 후회

하지 않기 때문이다.

나는 지금 세포생물학자로 연구를 계속하고 있지만 사실 대학 시절에는 이학부 물리학과에서 이론물리학을 전공했다. 지금부터 50여 년 전 나의 고등학교 시절에 생물학은 이른바 암기과목이었다. 분자생물학 같은 것은 아직 교과서에 나오지도 않았다. 나는 암기과목이 싫었고, 당연히 생물학은 가장 싫어하는 과목이었다. 의학부도 외워야 할 것이 많아 보여 자연스레 피했다.

고등학교 시절에 매력적인 물리 선생님을 만난 인연이 내게 큰 영향을 주었다. 그 선생님은 무엇이든 좋으니 어찌 됐든 다른 사람과 다른 답을 가져오라며 입버릇처럼 말씀하셨다. 모범 답안과는 다른 풀이법을 권하셨고, 시간이 걸려도 공식에 의존하지 않는 풀이법을 찾으라고 하셨다. 그렇게 함으로써 공식이 어떻게 만들어졌는지 이해할 수 있었다. 한편으로는 공식을 몰라도 내 나름대로 풀어보면 답에 이를 수 있다는 자신감도 얻었다.

이노키 마사후미가 쓴 『수식을 쓰지 않는 물리학 입문』이라는 책도 영향이 컸다. 나는 이 책의 지식으로 물리 선생님을 곤란하게 만드는 게 재미있었다. 이 시기 나는 미분방정식과 초기조건만으로 세상의 모든 것을 풀어낼 수 있다고 순진하게 호언장담하곤 했다. 많은 것을 외우기보다 단순한 원리를 통해 세상을 해석할 수 있다는 상쾌한 느낌이 무엇보다 매력적으로 다가왔다.

그런 과정을 거치면서 나는 '학문을 한다면 물리'라고 생각했다. 그리

교토대학 이학부 물리학과 시절. 세미나를 하던 장면. 무언가 즐거운 듯 발표 중이지만 칠판의 수식이 무엇에 관한 것인지는 전혀 기억나지 않는다. '정말로 나답구나' 싶은 생각이 들 정도다.

고 물리를 한다면 교토대학에 유카와 히데키 선생이 계셨다(1907~1981. 이론물리학자로 1949년 노벨 물리학상 수상). 도쿄대학을 지망한다는 선택지는 없었다. 고민하지 않고 교토대학 물리학부에 시험을 쳤다.

대학 입학 후 3학년이 될 때까지는 성적도 그다지 나쁘지 않았다. 하지만 그 후 맥없이 물리학에서 낙오하고 말았다. 여기에는 나 스스로 '삼중고'라고 부르는 원인이 있다. 간단히 말하면 첫 번째는 1968~1970년에 대학가에 벌어진 학원 분쟁이다. 봉쇄된 대학에서 1년간 거의 강의가 이루어지지 않았다. 하지만 모두 같은 상황이었기에 내가 낙오한 확실한 이유는 되지 못한다. 두 번째는 단가短歌에 관심을 갖게 된 것이다 (5·7·5·7·7 음절로 이루어진 정형시). 단가라는 짧은 시로 나를 표현하는 재미에 매료되어 학생 단가회와 동인지, 결사지에 가입해 단가에 푹 빠져 지내는 생활을 보냈다. 세 번째는 단가를 통해 연인이자 이후 결혼한 시인 가와노 유코를 만난 일이다. 연인이 단가 시인이었기에 연애와 단가가 링크되어 물리 따위는 눈에 들어오지도 않았다.

결국 1년 유급을 거쳐 5년간 대학을 다녔다. 대학원 입시도 떨어져 5년차 12월에 어떻게든 모리나가유업 연구소에 취직이 결정됐다. 지금이라면 도저히 불가능했을 테지만 그 무렵의 내게는 이상할 만큼 자신감이 있었다. 반드시 날 뽑는다고 생각했던 기억이 난다. 취직 시험도 성격 테스트 수준의 간단한 것이었다.

회사에서 근무한 5년 반은 둘도 없이 소중한 시간이었다. 그곳에서 처음으로 학문과 연구의 재미에 눈을 떴기 때문이다. 그렇기는 해도 그때까지 이론물리학을 전공한 나는 회사에 전혀 쓸모가 없는 존재였다. 다만 회사가 신규 사업으로 바이오(생명) 분야에 진출하던 시기가 나의 입사 시기와 맞물렸다는 점이 행운이었다. 유업과 유제품에 관해 잘 아는 사람은 많았지만 바이오에 관해서는 연구소 직원 모두가 초보였다. 분명 회사 경영진도 제대로 알지 못했을 테다.

그래서 가장 쓸모없는, 그저 놀고 있던 신입인 내가 그 분야에 배치됐다. 신약 개발을 위한 기초연구를 담당하게 된 것이다. 사내에는 질문할 선배도, 동료도 없었다. 그런데 이 점이 오히려 내게 도움이 됐다. 상부에서는 암 치료에 관해 연구하라고 했지만 연구 대상에 관한 구체적인 지시가 없었다. 너무도 무책임하지만 아무도 몰랐기에 어쩔 수 없는 일이었다. 제로에서 출발하는 것이기에 나 스스로 생각하는 수밖에 없었다.

나는 무엇을 연구해야 '바이오'에 해당하는지조차 이해하지 못했다. 다양한 책을 읽거나 논문을 찾아보았고, 전화로 각 방면에 문의하면서 우선 세포를 배양하는 것부터 시작했다. 같은 부서에 나 말고 과장이 한 명 있었지만 그도 바이오에 대해서는 거의 알지 못했다.

어찌 됐든 논문을 읽으면서 실험을 시작했고, 알지 못하는 것이 생기면 도쿄대학의 요시쿠라 히로시 교수를 찾았다. 시험관이나 샬레를 가져가서는 "세포가 늘어나지 않습니다. 어떡하면 좋을까요?"라고 묻곤 했다. "자네, 바보인가? 자네가 보는 것은 샬레의 바닥이잖아. 현미경 초점이 맞지 않았어. 자네는 초점을 맞추는 법도 모르나?"라고 교수는 기가 막힌 표정을 지었다. 학창 시절 파동방정식이 어쩌고, 상대성이론이 어

> **"자네, 바보인가? 자네가 보는 것은 샬레의 바닥이잖아. 현미경 초점이 맞지 않았어. 자네는 초점을 맞추는 법도 모르나?"라고 교수는 기가 막힌 표정을 지었다.**

1부 과학 연구의 묘미

쩌고 하는 생활을 했기에 생물에 대해서는 아무런 기초 교육과 실험 훈련을 받지 못해 현미경도 제대로 사용하지 못한 것이다.

이론물리학 분야는 실제로 대학원까지 가지 않으면 연구의 재미를 알기 어려운 분야다. 뿐만 아니라 실기와 훈련이 없는 단순 물리학 강의는 대부분 지루하다. 그런데 기업에 취직하고 스스로 내 손을 움직이자 별안간 연구가 재미있어지기 시작했다. 이것도 아니고, 저것도 아니라며 시행착오를 거치면서 비로소 보이기 시작하는 세계가 있었다.

역시 연구자가 되자

일단 내 손으로 연구를 시작해보니 '아니, 연구가 이렇게 재미있는 거였어?' 하고 느꼈다. 매일, 오늘은 무엇을 할지 스스로 생각하고 시험해보는 것이 즐거워 참을 수 없었다. 연구에 열중한 나머지, 회사에서 야근이 이어졌다. 나 스스로 재미있어 한 일이지만 야근 시간을 초과하기 일쑤였다. 더 이상 야근하지 말라며 노조에서 압박이 들어오기도 했다.

우리는 당시 지치의과대학에 있던 다카쿠 후미마로 교수, 미우라 야스사다 교수와 상담하며 이물異物을 포식捕食하는 백혈구의 일종인 마크로파지Macrophage를 늘리는 약 만들기에 도전했다. 가령 항암치료로 골수세포가 사멸되면 골수세포에서 만들어지는 백혈구의 수는 당연히 줄어든다. 아울러 침입한 외부의 적을 잡아먹는 마크로파지도 줄어든다. 이 마크로파지를 늘리는 약을 만들어 항암제 치료의 효율을 높이고자 한 것이다.

지치의과대학과 공익재단법인 암연구소, 도쿄대학과 국립예방위생연구소(현 국립감염증연구소의 전신) 등 다양한 기관의 연구자에게 닥치는 대로 물으러 다니는 시행착오의 날들이 이어졌다. 나 또한 몇 달간은 지치의과대학의 미우라연구실에서 연구를 계속하기도 했다. 여담이지만 그때 대학원생으로 연구실에 막 들어온 스다 도시오 씨와는 서로의 팔에 바늘을 꽂고 혈액을 채취하면서 서로의 실험을 도와주기도 했다. 그 후 구마모토대학과 게이오기주쿠대학 그리고 지금도 싱가포르의 연구소에서 연구를 계속하고 있는 그는 일본 혈액학의 태두이다. '피를 나눈' 의형제인 그와는 지금도 교류를 이어가고 있다.

이러저러는 와중에 그럴싸한 결과물이 만들어졌다. 나는 회사에서 높은 평가를 받았고 큰 기대도 받게 됐다. 하지만 기대를 받음으로써 마음이 편치 않은 부분도 있었다. (싫어하는 표현이지만) '부하 직원'이 둘 따라붙었고, 나 혼자 자유롭게 연구하던 과거와 달리 커다란 제약이 생기고 말았다. 신약 개발이라는 목표를 향해 일직선으로 최단 거리를 가야만 했다. 곁눈질 하거나 샛길로 빠져 길가의 잡초를 즐기는 한가한 생활은 이제 허용되지 않았다. 신약 개발은 사람의 반생을 걸어야 할 정도로 거대한 과업이다. 임상실험을 반복하다 보면 하나의 약을 만드는 데 아무리 빨라도 20년은 걸린다.

과학이 재미있어지기는 했지만 신약 개발에 앞으로 나의 20년을 걸어도 좋을까 하는 생각이 문득 들었다. 결국 취직하고 5년 반이 지난 스물아홉 살 가을에 회사를 그만두겠다고 결심했다. 대학교로 돌아가 연구자로 연구를 계속하고 싶다고 생각한 것이다. 이미 결혼한 처지에 한 살과 세 살의 두 아이가 있었지만 그것 말고는 다른 선택을 생각할 수 없었다.

암연구소에 있던 이카와 요지 선생으로부터 암연구소로 오라는 말을 들었다. 무척 감사한 제안이었지만 당시 나는 교토대학 바이러스연구소 이치카와 야스오 교수의 연구에 푹 빠져 있었다. 골수성 백혈병 세포에 분화유도 인자를 가하면 마크로파지나 호중구(백혈구의 일종)로 분화하고 정상 세포로 돌아간다는 연구였다. 이카와 선생은 적혈구계의 백혈병 세포를 분화시켜 치료하는 전략이었고, 이치카와 교수는 같은 것을 골수성 백혈병에 시도했다. 일본에서는 이 두 분이 백혈병 분화유도요법의 쌍벽이었다.

나는 연초나 여름에 교토로 귀성할 때 이치카와 교수를 찾아 연구에 관한 조언을 듣곤 했다. 이치카와 교수는 연구도 대단했지만 그 싹싹한 인간성이 커다란 매력이었다. 이카와 선생의 마음은 고마웠지만 결국 이치카와 교수 밑에서

이치카와 야스오 교수

연구하기로 결정했다.

　연구를 계속한다 해서 딱히 월급이 나오는 것도 아니었다. 무급이었다. 세간의 상식으로 보면 무모하기도 하고 가족에게 무책임한 행동이었지만 이것 말고 다른 선택은 없다고 마음을 정한 상태였다. 아내도 찬성해 주었기에 결국 회사를 그만두고 교토로 돌아가게 됐다. 스물아홉 살의 가을. 서른이 넘으면 발을 내딛기 어렵다고 생각했기에 내린 아슬아슬한 결단이었다.

　그야말로 재미있는 쪽과 안전한 쪽 가운데 재미있는 쪽을 선택한 것인데 지금도 잘한 선택이라고 생각한다. 일반적으로 보면 무모하고 무책임한 선택인지 모른다. 과학 연구자는 몇 년 후면 생활이 편해진다는 보증이 조금도 없는 세계다. 아직 어렸던 탓인지 그만큼의 비장감은 없었지만 그런 무모한 결심이 있었기에 지금의 내가 있다고 할 수 있다. 회사에 있었더라도 나름의 재미는 당연히 있었을 것이고 조금 더 부자가 되었을지도 모른다. 하지만 과학의 세계에 몸담고 걸어온 이후 40년의 재미에 비길 수는 없다고 절감한다. 물론 이건 비교적 제대로 풀렸기에 할 수 있는 이야기인지 모른다. 잘 풀리지 않았을 때를 생각하면 무섭기도 하지만 그런 모험에 뛰어들 만큼의 호기심과 야망이 나에게 있었다는 점만은 행복한 일이었다.

회사에 있었더라도 나름의 재미는 있었을 것이고 조금 더 부자가 되었을지 모른다. 하지만 과학의 세계에 몸담고 걸어온 이후 40년의 재미에 비길 수는 없다.

'그들 중 하나'로는 재미가 없다

재미있는 쪽을 선택하는 것 외에 내가 중요하게 여기는 것이 또 하나 있다. 유행하는 연구는 좇지 않는다는 신념이 그것이다. 애초에 다른 사람과 경쟁하는 것을 싫어할 뿐더러 신출내기 시절부터 누구도 하지 않는 분야를 찾아 연구하고 싶은 마음이 강했다. 나는 1986년에 HSP47이라는 단백질을 발견했다. 그리고 후에 이것이 콜라겐을 만드는 필수 열충격 단백질Heat Shock Protein, HSP이라는 사실을 밝혀냈다.

질병 중에는 간경변, 간섬유증, 동맥경화 등 콜라겐이 비정상적으로 축적되어 생기는 섬유화 질환이 다수 있다. 명확한 치료법이 발견되지 않은 이들 질병의 치료 타겟으로 지금 HSP47이 주목받고 있다. 콜라겐의 이상 축적으로 생기는 것이 섬유화 질환이지만 콜라겐을 만들기 위

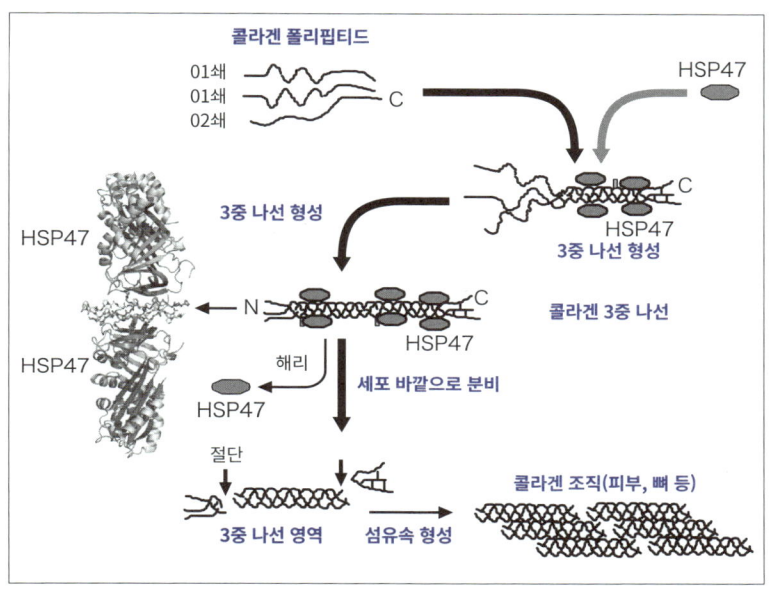

소세포에서 합성된 콜라겐 폴리펩티드는 세 줄이 모여 3중 나선구조를 형성한다. HSP47은 3중 나선 영역에 왼쪽 그림처럼 집합하며, 3중 나선 형성을 촉진한다. 3중 나선을 형성한 콜라겐으로부터는 HSP47이 이탈하며, 콜라겐은 세포 바깥으로 분비되고 3중 나선 외의 부분이 절단되어 섬유속(섬유다발)을 형성함으로써 뼈나 피부의 콜라겐 조직을 만든다.

해서는 HSP47이 필수 단백질이라는 점이 증명되어 섬유화 질환의 치료 전략으로 HSP47을 줄이면 되지 않을까 하고 모두가 짐작했다. HSP47을 줄임으로써 실제로 섬유화 정도를 늦출 수 있다는 점을 최초로 증명한 것도 우리 연구팀이었다. 지금은 HSP47 단백질을 줄이려는 의사들의 연구가 일본을 비롯한 세계 각국에서 이뤄지고 있다. 세계에서 7백편 이상의 논문이 발표된 상태이며 우리 연구실도 국가 연구기관, 민간 제약회사 및 독일 제약회사와 공동으로 연구하고 있다. 다만 애초에 나는 이들 질병 치료에 도움이 되겠다는 목표로 이 단백질 연구를 시작하지는 않았다.

사실 이것은 처음에 목표한 결과가 제대로 나오지 않아 가능하게 된 발견이었다. 나는 서른여섯 살에 미국 국립위생연구소^{NIH}에 속한 국립암연구소에 객원 준교수로 유학했다. 이곳은 내가 조사해 찾은 연구실이 아니라 지인의 소개로 초대받은 곳이었다. 나의 주체성이 없는 우연

미국 유학 시절, 자택 앞에서 아내와. 뒤는 장남인 준. 아내 가와노 유코는 귀국 후 『녹색 집의 창문에서』라는 수필집을 냈는데 뒤에 보이는 것이 그 녹색 집이다.

한 유학이었다고 할 수 있다. 세포가 다른 세포나 조직과 결합하는 데 필요한 피브로넥틴이라는 단백질이 있는데, 그것을 발견한 케네스 야마다라는 일본계 3세의 연구실에 가게 됐다. 하지만 부끄럽게도 피브로넥틴에 대해 잘 모르는 채 케네스연구실의 일원이 되었다는 것이 사실에 더 가까운 표현일 것이다.

당시 피브로넥틴은 매우 중요한 단백질로 놀랍게도 케네스의 연구실 멤버 모두가 피브로넥틴을 인식하는 세포 측 단백질인 피브로넥틴 수용체를 찾는 일에 몰두했다. 하지만 다른 사람과 경쟁하기를 싫어하고 유행을 좇고 싶지 않았던 나는 같은 연구실에서 그들과 경쟁하며 같은 단백질을 찾는 일이 내키지 않았다. 피브로넥틴과 마찬가지로 세포 바깥에 분비되는 단백질 중에는 콜라겐이 있다. 세포는 피브로넥틴은 물론 콜라겐에도 결합할 수 있으며 그렇다면 피브로넥틴에 수용체가 있듯이 콜라겐에도 수용체가 있으리라 생각했다.

"다들 피브로넥틴 수용체를 찾잖아요. 그렇다면 저는 콜라겐 수용체를 찾고 싶어요. 다른 사람과 같은 연구를 하고 싶지 않거든요"라고 서툰 영어로 케네스와 상의했다. 케네스는 승낙했고, 그렇게 나는 콜라겐 수용체를 찾는 프로젝트를 시작하게 됐다. 실험은 다행히 제대로 풀려 콜라겐에 결합하는 신규 단백질의 동정同定에 성공했다[01].

'콜라겐 수용체를 찾았다!'고 기뻐했지만 조사해보니 그 단백질은 세

---

01 동정: 물질의 고유한 성질을 이용하여 목적 물질만을 순수한 물질로 분리 추출한 후 그 물질이 무엇인가를 명백히 밝히는 것

포 안에 있다는 점을 알게 됐다. 세포 바깥에서 콜라겐을 인식하는 수용체라고는 할 수 없었다. 콜라겐 수용체가 아니어서 실망이 컸지만 그것이 새로운 단백질이라는 점은 분명했다.

'그렇다면 이 단백질은 대체 무슨 일을 하는 거지?'라는 의문이 이어서 일었다. 실패한 이유를 생각하고 그 의미를 다시 묻다 보니 다음 물음이 계속 이어졌다. 그 물음을 놓치지 않는 것, 그리고 목표한 결과와 다르다고 해서 내치지 않는 것이 중요하다는 사실을 이 경험으로 배웠다. 결과적으로 그것이 세포 안에서 콜라겐이 만들어지도록 돕는 분

케네스 야마다(오른쪽)와 그의 아내 수잔

> **실패한 이유를 생각하고 그 의미를 다시 물으며 계속 이어지는 물음을 놓치지 않는 것, 목표한 결과와 다르다고 내치지 않는 것이 중요하다.**

자 샤프롱이라는 사실을 알게 되었다. 하지만 그때는 설마 그런 비밀이 있다고는 전혀 생각하지 못했다. 실제로 그것을 완전히 증명하기까지는 13~14년이란 시간이 걸렸다.

케네스 야마다로서는 당연히 내가 콜라겐 수용체를 찾아 주었으면 하고 바랐을 것이다. 하지만 내 입장에서는 콜라겐 수용체 연구는 역시 '그들 중 하나'였다. 피브로넥틴이나 콜라겐 등을 세포외기질이라고 부른다. 세포외기질에는 각각 수용체가 있으며, 현재 그것들은 인테그린군integrin family이라고 불리지만 콜라겐 수용체도 그 개념 중 하나이기 때문이다.

열충격 단백질은 세포에 열이 가해지면 유도되는 특성을 가진 단백질이다. 열을 가하면 날 계란이 삶은 계란이 되는데 이는 계란의 단백질이 변성, 응집해서 굳기 때문이다. 세포 내 단백질이 변성하면 세포는 사멸하므로 변성하지 않도록 방어하는 단백질이 필요하다. 열충격 단백질은 세포에 열이 가해지면 유도되며, 열 등의 다양한 스트레스에 대한 세포 차원의 방어기구를 담당하는 단백질이다.

열뿐만 아니라 당과 같은 영양 성분이 부족해 정상적인 단백질을 만들지 못하게 되어도 세포에는 스트레스가 된다. 열충격 단백질은 일반적으로는 '스트레스 단백질'이라고 불리며 스트레스가 가해지지 않아도 세포 내에서 단백질의 변성 등을 방어하거나 단백질이 제대로 만들어지도록 돕는 보다 보편적인 기능을 가진 단백질도 있다. 이들을 '분자 샤프롱'이라고 한다. '샤프롱'이란 도우미 역할이라는 의미인데 단백질이 올바르게 만들어지도록 돕거나 변성을 막도록 돕는 역할에 착안해 붙인 이름이다. HSP47은 콜라겐이 제대로 만들어지도록 돕고, 세포 내에서 콜라겐이 변성하는 것을 막는 콜라겐 특이적 분자 샤프롱이다. 내가 일본에 돌아올 무렵에 케네스가 "HSP47은 우리가 연구하지 않을 겁니다. 우리 주제가 아니니까 나가타 씨가 연구해 보세요"라고 말해 주었다. 그의 말대로 나는 HSP47에 관한 연구를 일본으로 가지고 돌아와 발전시킬 수 있었다.

씨앗을 뿌리려는 자세가
기초연구

귀국해서 다행히도 교토대학 교수가 될 수 있었다. 미국에서 했던 HSP47에 관한 연구가 높은 평가를 받은 것이다. 그때 나이가 서른아홉이었다. 비교적 젊은 나이에 교수가 되어 교실 운영을 짊어지는 것 자체는 고마운 일이었지만 정신적으로 꽤 힘든 시기이기도 했다. 여하튼 연구실 멤버는 이치카와 교수 시절부터 계시던 조교수와 조수 등 모두 선배였다. 교수가 되어 조수 한 사람을 채용할 수 있었지만 귀국해 새로운 연구에 착수하는 것 말고도 인간관계에서 신경이 마모되는 시기가 길게 이어졌다. 후에 아내는 "당신은 그때 열 살은 늙었어요"라고 몇 번이고 말하곤 했다. 하지만 지금 돌아보면 교토대학 시절과 정년에 조금 앞서 자리를 옮겨 부학장이 된 교토산업대학 시절

귀국해 내 연구실을 가지고 3년이 지난 1990년 무렵 연구실 멤버와 함께

을 포함해 30여 년을 대학교수로 젊은 스태프들과 연구를 지속했다는 점은 내 인생에서 무엇보다 감사한 일이었다.

그러던 때 암연구소의 스가노 하루오 선생에게 초대를 받았다. 지금은 돌아가셨지만 선생은 그 무렵 일본 내 암 연구의 최고 권위자 중 한 분이었다. 스가노 선생은 새로운 연구를 좋아했고 내가 연구한 열충격 단백질에도 큰 관심을 보였다. 세계적으로도 아직 연구자 수가 많지 않은 새로운 분야였다.

고맙게도 스가노 선생은 나에게 '암 특별연구' 프로젝트로 연구반을 조직해 달라고 부탁했다. 온열 요법이라는 암 치료법이 있다. 암세포가 열에 약하기에 열을 가해 암을 치료하는 요법으로 당시에 큰 각광을 받았다. 그런데 온열 요법의 효과를 높이는 데 커다란 걸림돌이 되는 문제가 있었다. 암세포도 살아 있는 생명체이기에 열이 가해져 죽을 것 같으면 열충격 단백질을 만들어 자신을 보호한다는 점이다. 열에 대한 저항성을 획득하는 것으로 이를 온열 내성이라고 한다. 온열 요법이 유효한 치료법이 되려면 암세포의 열충격 단백질 합성을 방해해야 한다. 스가노 선생은 그 메커니즘을 규명하고 나아가 전략 개발을 위한 연구를 부탁해 온 것이었다. 나는 미국에서 막 귀국해 교수가 된 참이어서 연구 자금이 부족한 시기이기도 했기에 선생의 제안이 무척이나 고마웠다.

스가노 선생은 그런 새로운 연구 분야를 응원해 주는 분이었다. 당시 국가에서는 '암 특별연구'라는 거대 연구 프로젝트가 진행 중이었다. 암 연구를 비약적으로 추진하는 프로젝트였지만 실제로는 다소 여유로운 분위기였고 암과 직접 관계없는 주제를 가진 연구자도 연구비를 받아 연구를 했다. 금액도 컸다. 좋은 연구를 한다고 평가받은 사람에게는 실제적인 목적에서 다소 벗어나더라도 넉넉한 자금을 내어주던 시기였다. 그것은 시대가 가진 여유이기도 했다. 이처럼 씨앗을 뿌려두려는 자세, 미래를 내다보며 재미있는 연구를 응원하는 대담함이 아직껏 완전한 치료법이 없는 암이라는 병 연구에 커다란 동력이 되었다.

일본은 금세기 이후 자연과학계 노벨상 수상자 수에서 미국에 뒤이은 수를 자랑한다. 하지만 그 많은 연구가 주로 이 시대에 이뤄진 데 주목해야 한다. 어떤 의미로는 대담한 기초연구 지원이 일본의 연구 수준을 비약적으로 끌어올렸다고 할 수 있다. 그러나 뒤에 다루겠지만 '이노베이션'이라는 말에 어울릴 만큼의 '도움이 되는 연구'에 대한 과도한 연구비 편중은 앞으로 과학 수준의 저하를 가져오지 않을까 우려된다. 실제로 논문 인용 수 등 여러 지표를 보더라도 현재 일본의 기초과학이 위기에 직면해 있다는 점을 지적할 수 있다.

연구 현장은 대담하게 걸어라

미국에서 대학으로 돌아온 나는 연구실을 꾸리게 됐지만 그때까지의 경험으로 연구실의 연구 방침은 이미 정해둔 상태였다. 재미있는 것 택하기, 큰 보폭으로 걷기, 유행을 따르지 않고 자기만의 분야에 임하기의 세 가지 방침이다.

학생이 무언가 데이터를 제출하면 연구실 멤버 전원이 그에 대해 토론한다. 보통 하나의 데이터는 다양한 가능성을 시사한다. 더군다나 데이터가 나온 시점에는 몇 가지 가능성을 생각할 수 있지만 그중 어느 것이 올바른지는 아직 알 수 없다.

어느 가능성부터 시도할지 연구실 방침을 정할 때의 기준은 '어느 것이 가장 재미있는가'였다. 우리 연구실의 학생은 "잘하고 있네"보다 "재미있는 걸 하고 있네"라는 말을 듣는 것을 더 좋아했다. 학생들도 내가 그런 말을 해주길 기다린다고 했다.

가령 그저 빠르게 논문을 써내고 싶다면 안전하고 확실한 가능성부터 시도하는 편이 낫지만 그래서는 논문의 수는 늘어도 임팩트 있는 논문은 되지 않는 경우가 많다. '패러다임 전환'이라는 말이 있다. 지금까지의 가치관과 사고방식을 근본적으로 바꿀 만한 것을 뜻하는 말이다. 거기까지는 이르지 못한다 해도 매번 결과가 나온 후에 '예상한 결과군. 그래, 당연하지. 고생했어'로 끝나서는 재미가 없다.

한편 가장 재미있는 가능성에 도전하면 대개는 실패한다. 가장 재미있다고 생각하는 것은 가능성 면에서는 당연히 낮을 수밖에 없다. '역시 실패했네. 그럼 어쩔 수 없으니 다음으로 재미있어 보이는 가능성을…'이라며 다른 가능성을 시도하게 된다. 다음 실험도 실패하고 '그럼 다음 가능성을…'이라고 또 다시 시도한다. 이처럼 우리 연구실은 같은 연구라면 재미있는 가능성부터 시도하는 방식을 일관되게 지켜왔다.

두 번째 방침인 '큰 보폭으로 걷기'는 재미있는 가능성에 큰 보폭으로 한 걸음 내딛으라는 의미다. 큰 보폭으로 걸으면 아무래도 빠지는 요소가 사이사이 많이 나온다. 그 빠지는 요소까지 증명하지 않으면 옳은지 어떤지 최종 결론을 낼 수 없다. 하지만 빠진 요소의 증명은 가령 스스로 하지 않더라도 필요하면 나중에 누군가 할 사람이 나온다. 반면, 큰 보폭으로 걸으면 위험이 커지는 면도 있지만 재미있는 가능성을 시도하는 편이 더 보람 있지 않을까 하는 것이 내 생각이다.

때로 뛰어난 학생들 중에는 논문을 자주 읽으며 어느 논문에서 논하는 결론을 증명하려면 이런 실험이 빠져 있다고 깨닫고 그에 착수하는 경우도 있다. 그럴 때도 어떤 의미에서 뻔뻔스러운 나는 "다른 사람의 실험 뒤처리를 하는 것보다 일단 한번 큰 보폭으로 걸어 봐"라고 말하곤 한다.

치밀하게 과학을 해나가기 위해서는 결손 부분을 채워가는 것도 매우 중요한 일이며 '큰 보폭으로 걸으라'는 나의 말은 과학자의 태도로서 칭찬받지 못할지 모른다. 그렇다고 해도 재미있는 가능성을 우선하는 분위기, 가능하면 큰 보폭으로 걸으려는 자세가 연구실에는 필요하다.

'큰 보폭으로…'라는 것은 매우 개략적인 표현이므로 요즘에는 "확실한 한 걸음을 내딛기 위해 가능한 한 먼 곳을 보라"고 말한다. 한 걸음을 내딛기 위해서는 눈앞만 보는 것이 아니라 멀리 있는 재미있는 것을 보며 확실하게 한 걸음을 걸으라는 의미다. 하지만 말하기는 쉬워도 실행하기는 분명 어려운 일이다.

세 번째 방침인 '유행하는 연구를 따르지 않는다'에 관해서는 확실히 말할 수 있다. 특히 기초과학에서는 유행이 아니라 스스로 재미있다고 생각하는 주제를 좇아야 한다고 생각하기 때문이다. 그런 의미에서 나는 현재 생물학계에서 유행하는 오토파지autophagy나 아포토시스apoptosis에 대한 연구는 하지 않겠다고 연구실에서 선언했다.[02, 03] 오토파지가 전공인 이 책의 공저자 오스미 씨도 유행하는 연구를 하는 건 성미에 맞

---

02 오토파지: 자신을(auto-) 먹는다(phagein)는 그리스어에서 유래되어 '자가포식'이라고도 하며 세포 내 불필요하거나 기능이 고장 난 세포소기관을 분해시키는 메커니즘. 자세한 내용은 2장 참조
03 아포토시스(세포 자살): 세포가 외부 혹은 내부로부터의 신호 자극에 반응하여 스스로를 파괴하는 메커니즘

지 않는다며 "지금 시대라면 나는 오토파지에 손을 대지 않았을 거예요"라고 단언했다. 하지만 오토파지는 생물학의 근간에 관한 현상으로 우리 연구실에서 행하던 다른 연구가 어느 샌가 오토파지와 연결되는 경우도 있으며, 일부 인원은 오토파지를 주제로 연구를 계속하고 있기도 하다.

그렇기는 해도 연구비 문제도 관계되어 있어 우리 연구실이 '유행하는 연구를 따르지 않는다'는 선언을 순수하게 지키지만은 않는 것도 사실이다. 연구비를 받으려면 주머니 사정이 괜찮은 분야에서 어느 정도 착실히 성과를 쌓아갈 필요도 있다. 유행하는 연구 분야를 중시하지 않을 수 없는 마음도 이해한다. 지금이라면 가령 재생의료 분야에 국가가 톱다운 형식으로 연구비를 지원하는 것도 그 원인 중 하나다[04].

하지만 실제 연구하는 입장에서 보면 iPS 세포 연구에서 야마나카 신야 씨보다 영향력 있는 연구를 할 수는 없지 않은가?[05] 야마나카 씨는 나의 오랜 지인으로 나는 물론 그가 하는 과학을 존경한다. 그 이외의 다른 연구자들이 모여 iPS 세포 연구를 추진하고 성과를 내는 것도 중요한 일이다. 하지만 과학자 한 사람의 인생에서 보자면 이미 확립된 분야의 틀이 있다면 가능한 한 거기에 편입되지 않는 연구를 하는 편이 바람

---

04 재생의료: 인공으로 배양한 세포와 조직, 단백질을 이용해 질병으로 잃은 장기나 조직의 기능을 복원하는 의료
05 야마나카 신야 교수는 2012년에 iPS(유도만능줄기세포) 세포 연구로 노벨생리학·의학상을 수상했다. iPS는 이미 분화가 끝난 체세포에 특정 유전자를 주입하는 인위적 자극을 가해 배아줄기세포처럼 인체 모든 장기로 분화 가능한 세포를 말한다.(편집자)

직하다고 본다.

그런 점도 있기에 우리 연구실은 어느 샌가 연구실 멤버들이 스스로 발견한 유전자와 단백질에 관한 연구로 전환이 되었다. 스스로 최초로 발견하고 이름 붙인 새로운 단백질과 유전자가 벌써 10개 가까이 되는데, 그것들의 기능과 역할을 명백히 풀어내는 연구다. 유행하는 연구를 따르지 않는다는 우리 연구실의 기본자세는 지금껏 소중히 여겨 왔고 앞으로도 소중히 여겨 나갈 것이다.

제로에서 시작해 얻는 기쁨

과학 분야에서는 "이 일은 ○○ 씨가 한 거야"라는 식으로 한 가지 업적을 확실히 제시할 수 있는 것만이 최종적으로 남는다. 가령 새로운 유전자를 발견한다거나 오스미 씨나 야마나카 씨처럼 새로운 분야를 개척했다는 사실이 남겨진다. 당연한 일이지만 논문을 얼마나 많이 썼는가에 따라 이름이 남는 것이 아니다.

'세상에서 아무도 모르는 것을 발견한다. 그에 대한 정보는 당연히 제로다. 어느 정도로 중요한 역할을 하는지, 대박인지 쪽박인지도 알 수 없다.' 다양하게 시도하면서 그 기능을 점차 해명해가는 과정이야말로 연구의 큰 매력, 연구의 묘미이자 기쁨이다. 우리 연구실이 새롭게 발견한 유전자나 단백질로 승부하고자 마음먹은 것도 그런 기쁨과 관계가

> 세상에서 아무도 모르는 것을 발견한다. 다양하게 시도하면서 그 기능을 점차 해명해가는 과정이야말로 과학 연구의 매력이자 기쁨이다.

있다.

분자 샤프롱 HSP47에 대해서도 마찬가지였다. 처음에 이 단백질이 우리가 목표하던 것과 달라 실망했다는 점은 앞서 말했지만 이 단계에서는 콜라겐에 결합한다는 점 외에는 그 성질이나 작용을 전혀 알지 못했다. 하지만 세포 안에 존재한다는 점, 그것도 진화압을 견디고 살아남았다는 점은 분명했다(진화압: 생물이 자신에게 가해지는 외부의 압력에 저항하는 방향으로 진화하는 과정). 어떤 기능도 갖지 못하는 것은 일단 살아남지 못하므로 HSP47도 무언가 기능을 하고 있을 터였다. 앞서 말한 것처럼 HSP47은 콜라겐이 올바른 구조를 취하고 세포 바깥으로 분비되어 피부나 뼈의 성분으로 역할을 다하기 위한 필수 단백질이라는 점이 우리 연구에 의해 확인되었다.

알지 못한다는 것은 '우리가 아직 모른다'는 의미일 뿐이다. 실제로는 무언가 작용을 하고 있을 테다. 그렇다면 무슨 작용을 하는 것일까. 아직 누구에게도 알려지지 않았다면 그리고 우리가 어떻게든 찾지 않는다면 그 기능은 모르는 채로 남을 것이다. '찾아주지 않으면 가여워'라고 마치 자식을 어여삐 여기는 듯한 마음이 샘솟는다. 아직 세상 누구도 모른다면 우리가 힘을 합쳐 알아내야 하지 않을까 하는 생각이 연구를 추진하는 커다란 동기가 된다.

　이처럼 완전히 새로운 단백질 기능의 동정은 극히 효율이 나쁠 수밖에 없다. 기존의 지식과 지혜는 제로이며 이 분자를 연구하는 사람은 세상에 자신들뿐이므로 모든 작업을 스스로 하나하나 묵묵히 채워가야 한다. 시간도 오래 걸린다. 논문으로 발표하기까지 오랜 시간이 필요하며 어떤 중요성을 갖는지도 확실하지 않을 때가 많다. 따라서 과학 연구비 획득에도 불리할 수밖에 없다. 화제로 떠오른 연구 분야에서 스마트하게 거침없이 주목받고 싶은 사람에게는 공은 많이 들고 성과는 예측할 수 없는 성가신 일이다. 하지만 그것을 해명했을 때의 기쁨과 연구자 사회의 주목도는 굉장히 높으며 만족감의 면에서도 비할 바가 아니다. 이런 기쁨이 연구자의 노동을 하루하루 지탱해 준다고 해도 과언이 아니다.

과학자는
낙관주의자여야

지금까지 내 연구를 돌아보면 도중에 좌절하고 기능을 해명하는 데까지 이르지 못한 단백질과 유전자가 매우 많다. 나는 과학자와 혁명가는 낙관주의자여야 한다고 항상 말해 왔다. 혁명가는 그렇다 쳐도 과학은 아무래도 실패가 전제되는 분야이다. 얼마나 실패를 거듭했는가에 따라 그 사람이 과학자로서 어디까지 성장할 수 있는가가 결정된다는 것이 나의 생각이다. 이것은 나의 체험으로 실감한 바다. 실패에 기가 죽는 사람은 과학자에 어울리지 않는다.

당초의 목적과 다른 결과가 나왔다 해도 그로부터 생겨나는 다양한 재미 요소를 만날 가능성은 얼마든지 있다. 실패했다고 해서, 생각한 것과 다르다고 해서 그 결과를 버린다면 예상치 못한 재미와 만날 확률은 무한대로 낮아진다. 사실, 무엇과도 바꿀 수 없는 실험의 묘미란 실험 시작 전에 기대한 결과를 배신하는, 예측하지 못한 결과와 맞닥뜨릴 때에만 발휘된다는 것을 나는 절감한다.

콜라겐은 인간의 체내에서 가장 양이 많은 단백질이다. 피부와 뼈 외에도 다양한 곳에서 작용하며 종류도 20여 가지나 된다. 콜라겐 합성이 제대로 되지 않으면 여러 유전병이 발생하거나 애초에 발생 자체가 제대로 되지 않아 태아 상태에서 사망하기도 한다. HSP47은 우리 체내에 존재하는 2만 수천 종의 단백질 중 하나이지만 콜라겐 합성의 필수 요소로서 이 유전자가 결손되면 인간은 애당초 태어날 수조차 없다.

HSP47 유전자에 변이가 생기면 골형성부전증 등의 유전병이 생긴다는 점도 밝혀졌다. 나는 이 유전자의 중요한 역할을 30년 연구 역사에서 규명할 수 있었다는 점을 동료들과 함께 자랑스럽게 여긴다. 하지만 이것은 앞서 말한 것처럼 그야말로 예측하지 못한 결과에서 나온 연구 성과다.

기초과학을 하는 사람이 자신의 모든 연구를 응용 가능한 지점(도움이 되는 부분)까지 끌고 갈 필요는 없다. 나는 애당초 응용연구에는 그다지 관심이 없었다. 어디까지나 기초연구를 오래 해왔기에 우연히 응용연구로 이어진 것뿐이다. 기초연구의 씨앗을 뿌려두면 다른 임상연구자가 '혹시 도움이 될지 몰라' 하는 생각에 다루기도 한다. 나로서는 그것으로 충분하다. 기초연구는 화려한 뉴스거리가 될 기회는 잘 없지만 학생들이 기초연구에 조금도 재미를 느끼지 못한다면 정말 두려운 일이

> **얼마나 실패를 거듭했는가에 따라 과학자로서 어디까지 성장할 수 있는가가 결정된다.
> 실패에 기가 죽는 사람은 과학자에 어울리지 않는다.**

다. 도움이 되지 않는 연구를 하는 기초연구자는 세금 도둑에 가깝다는 시선도 있지만 모든 응용연구는 기초연구가 축적된 위에서만 성립한다는 부인할 수 없는 사실을 사회 전체가 인식할 필요가 있다.

재미를 추구하는 자유

과학자를 재미를 추구하는 도락가道樂家로 간주한다 해도 어떤 의미에서는 그럴 수밖에 없는 직업이다. 『도락 과학자 열전: 근대 서구 과학의 원풍경原風景』(고야마 게이타 저)이라는 책도 출간되었고 과거에 과학은 부자가 자기 돈으로 호기심을 충족하는 활동이었다.

하지만 현재는 부자라서 과학을 하는 일도 없고, 부자가 되려고 과학에 종사하지도 않는다. 세상의 다른 직업과 비교하면 노력에 비해 결실이 적은 직업이 과학 연구자다. 노력이 반드시 큰 성과로 이어진다고 단정할 수 없는 세계이므로 가성비 면에서도 그다지 좋지 않다.

이런 환경에서 과학자에게 허용된 유일한 특권이 있다면 그것은 자신이 재미있다고 생각하는 주제를 추구할 수 있는 자유이다. 자신이 즐거워서 하는 것, 이것이야말로 과학의 본질이다. 호기심에 끌려 그에 응하려고 실험을 거듭하며 새로운 아이디어를 떠올린다. 기초연구는 그야말로 이 작업의 반복이다. 이것을 흥미 본위interest-oriented라고 하는데 사실 이토록 고마운 직업도 흔치 않다.

기초연구에서 호기심 자체가 중요하다는 점은 두말할 필요도 없다. 특정한 발견을 할 수 있느냐 여부는 운에 좌우되는 면도 크지만 파스퇴르가 말한 것처럼 '행운이란 진심으로 그것을 원하는 사람에게만 찾아온다'는 점을 강조하고 싶다. 운을 부르기 위해서도 연구자 자신의 마음가짐이 중요하며, 이것이 바로 호기심이 가진 힘이다.

기초연구가 덤으로 많은 사람의 흥미를 끌고 응용연구와 임상연구로 이어지는 경우가 있는데 자신의 연구가 임상의료 현장에 퍼져나가는 모습을 지켜보는 것은 연구자로서 무척 기쁘고 자랑스러운 일이다. 하루하루의 연구가 과학의 진전과 직결된다고 느낄 수 있기 때문이다. 더욱이 그 출발점이 자신의 발견에서 비롯한다면 말해 무엇 하랴. 이런 우아한 기쁨은 과학 외의 다른 곳에서는 찾기 어렵다. 과학 연구자에게 허용

> **과학자에게 허용된 유일한 특권은 자신이 재미있다고 생각하는 주제를 추구할 수 있는 자유이다. 자신이 즐거워서 하는 것, 이것이야말로 과학의 본질이다.**

된 최고의 사치라고 느끼는 순간이다.

이런 자유를 추구할 수 있는 직업임에도 연구비 신청이나 연구 평가와 관련해 논문 수 등 수치상 목표나 설명 책임에 매이는 것은 안타까운 일이다. 젊은이들이 과학 연구보다 효율성이 높은 직업을 가지려고 생각하는 것도 어쩔 수 없는 면이 있다.

놀라움과 감동을 소중히

'과학'이라고 하면 얼핏 논리 일변도의 세계라고 생각하기 쉽지만 감성의 소중함도 강조하고 싶다. 무엇보다 놀라움이라는 감정의 소중함을 알아야 한다. 놀라움과 감동, 이 두 가지가 과학에 관심을 갖는 첫걸음이며 과학을 밀고 나가는 힘의 원천이 된다.

'자연과 생명에는 이토록 신기한 일이 있구나, 이런 신기한 방식으로 성립하는구나' 하는 놀라움을 체험하고 나면 과학의 매력에서 벗어날 수 없다. 가령 인간 한 사람의 세포 수가 약 60조 개라는 점은 많은 사람이 알고 있다. 하지만 이 단순한 숫자로는 '엄청 많다'고 생각은 해도 감동으로 이어지지는 않는다. 이것은 그저 숫자에 불과하다. 이때 이런 질문을 하면 어떨까. "만약 그 60조 개의 세포를 한 줄로 늘어놓으면 어느 정도의 거리가 되는지 알아?" 대부분의 사람은 멍한 표정을 짓는다. 평소 그런 생각을 해본 적이 없기 때문이다.

답은 간단하다. 세포 하나의 지름은 약 10미크론이며 여기에 60조를 곱하면 된다. 답은 60만 킬로미터. 이 숫자를 들은 것만으로는 아무 실감도 나지 않을 테지만 60만 킬로미터가 지구를 15바퀴 도는 거리라고 말하면(지구 1바퀴는 4만 킬로미터이다) 그제야 "뭐라고?" 하며 놀라움을 드러낸다.

놀라움을 경험하는 것, '내 몸에 지구 15바퀴분의 세포가 채워져 있구나' 하고 놀라는 것이 과학에 관심을 갖는 첫 단계이다. 숫자와 지식에 놀라움이 동반될 때 우리는 특정 현상을 현실감 있게 이해할 수 있다. 나는 강의할 때 학생들에게 종종 이렇게 묻는다. "자네들이 태어난 날부터 매일 30킬로미터를 걷는다고 하자. 자네들 나이가 될 때까지 어느 정도 걸을 수 있을 것 같나?" 그렇게 걷는다고 해도 지구를 7바퀴 반밖에 걷지 못한다. "그런 엄청난 길이의 세포를 자네들은 수업 중 조는 사이에도, 멍하니 있는 사이에도 누구의 힘도 빌리지 않고 자기 힘으로 만들어낸 거야. 대단하지 않나?"라고 하면 나름 감동하는 모습을 보인다. 교

놀라움과 감동은 과학에 관심을 갖는 첫걸음이자 과학을 밀고 나가는 힘의 원천이다.

사로서 흐뭇한 마음이 든다.

이 에피소드에 더해 또 하나 중요한 것이 있다. 모두가 상식처럼 알고 있는 지식이 반드시 옳지는 않다는 점이다. 실은 2013년에 인간의 세포 수는 60조 개가 아니라 37조 개라는 논문이 발표됐다. 전 세계가 이 논문에 놀랐다.

생각해보면 인간의 모든 세포를 일일이 셀 수는 없는 노릇이다. 달리 방법이 없기에 한 사람의 평균 체중을 세포 한 개의 무게로 나누거나 한 사람의 몸 전체 부피를 세포 한 개의 부피로 나누는 대강의 방법으로 추론하는데 그 숫자가 60조 개였다. 처음에는 개략적인 수치로 제시된 60조라는 숫자였지만 그것 말고는 산정할 방법이 없었기에 반복되어 사용되는 사이 누구도 의문을 품지 않고 믿어버렸다. 상식이란 이처럼 엉터리로 만들어질 때가 많다.

2013년 논문에서는 과거 100년 이상에 걸친 기존의 논문을 찾아보고 그중 각 조직의 세포 수를 알 수 있는 논문을 골라 신체 조직별 세포 수를 산출했다. 그것을 합쳐 37조 개라는 숫자를 도출한 것이다. 아직 이 숫자가 사실로 확정된 것은 아니지만 60조 개라는 숫자보다는 사실에 더 가깝다고 할 수 있다.

여기서 또 하나 중요한 점을 말하고 싶다. 몸 전체의 세포 수가 60조 개에서 37조 개로 바뀌었다고 해서 도대체 누가 이득을 볼까 하는 점이다(현재는 30조 개라는 논문도 있다). 누구에게 어떤 도움도 되지 않는다. 37조 개라는 사실을 알았다고 해서 이득을 보거나 돈을 벌지는 않는다.

하지만 아무런 도움이 되지 않아도 실재하는 숫자, 사실에 더 가까운 숫자가 있다면 그것을 알고 싶다고 생각하는 것이 인간이라는 존재이다. '도움이 되지 않아도 실제로 존재하는 것에 더 가까워지고 싶다.' 여기에 인간의 본성이 있으며 과학 연구의 근간이 있다. 기초연구가 소중하다고 주장하는 이유이기도 하다.

또한 현재진행형으로 움직이는 것이 과학이다. 어제까지 옳다고 여기던 것이 당장 오늘 뒤집히기도 한다. 그렇기에 연구자는 과학에서 한시도 눈을 뗄 수 없다. 일반인에게도 그런 인식을 심어주는 일이 필요하며, 과학자는 매일처럼 변화하는 과학 현장을 대중에게 알리려는 노력도 함께 기울여야 한다.

**'도움이 되지 않아도 실제 존재하는
사실에 더 가까워지고 싶다.'
이것이 인간의 본성이자
과학 연구의 근간이다.**

2장

일등보다
누구도 하지 않는
새로운 것을

오스미 요시노리

2차 세계대전 종전 해에 태어나 자연 속에서

우선, 지금까지 내가 살아온 날들을 돌아보고 싶다. 나는 1945년 종전終戰 반년 전에 후쿠오카 시내에서 태어나 시가지에서 벗어난 농촌 지역에서 자랐다. 주변에는 아직 자연이 그대로 남아 있었고 농가는 소와 염소를 키웠으며 모내기도 전부 수작업이었다. 전쟁 이후의 식량난으로 모두가 가난한 시대였다.

내가 태어났을 때 아버지는 규슈대학의 공학부 교직원이었다. 우리 집은 빌린 땅에서 농사를 지었다. 아버지는 밭을 갈고 닭을 키우는 평범한 생활을 하셨다. 나는 형과 두 누나와 함께 4남매의 막내였다. 아이 넷을 키우는 생활은 당시 공무원 월급으로는 쉽지 않은 일이었다. 영양 사정도 열악하고 우유도 부족했기에 나는 영양실조로 허약한 아이였다. 그러던 중 어머니가 결핵성 카리에스에 걸려(만성 골염으로 뼈가 썩어 파괴되는 질환) 내가 초등학교 저학년 무렵까지 누워 지냈다. 다행히도 지인의 연줄로 미국에서 개발된 스트렙토마이신 등의 항생제를 얻어 기적적으로 건강해졌다. 아이였던 나는 마이신이나 파스 같은 약 이름은 기억했지만 항생 물질이 무엇인지 안 것은 대학원생이 되고 나서였다.

1950년경. 네 남매가 같이. 왼쪽부터 형, 작은누나, 나, 큰누나

물론 텔레비전 같은 것은 없는 시대였고 근처 작은 시냇가에서 붕어와 미꾸라지를 잡으며 놀고 계절별로 야생화를 꺾거나 근처 바다에서 조개잡이를 했다. 그러다 보니 주변의 자연이 나의 원점이라는 생각은 지금까지도 변함이 없다. 지금도 우리 집 주변이나 내가 근무하는 도쿄공업대학이 있는 요코하마 시 외곽의 스즈카케다이 캠퍼스를 산책하며 쇠뜨기풀을 꺾고 주아珠芽와 머위 줄기를 발견하는 일은 나의 은밀한 특기이자 즐거움이다.

병으로 학교를 쉬는 날이 잦았던 초등학생이었기에 스포츠 등은 젬병이었고 싸움 같은 것도 못했다. 하지만 그 시대에는 '공부 잘하는 아이'로 따돌림 당하지 않고 지낼 수 있었다. 초등학교 고학년 무렵에는 곤충 채집과 우표 수집에 빠져 지냈다. 망원경이 없었지만 멀리 떨어진 학교 교정에 모여 밤하늘을 보며 열심히 별자리를 찾기도 했다. 6학년 때는 일본 최초의 남극 관찰선 소야宗谷 호가 남극으로 향해 화제가 되었고, 우리 반의 졸업문집 제목도 〈소야〉로 달았다.

그 무렵 형은 도쿄대학에서 역사를 배웠고 쉬는 날 귀성할 때마다 내게 책을 한 권씩 선물했다. 형은 중학교를 1945년 정부가 만든 히로시마 과학학급에 다녔는데 원폭 투하 직전에 소개疏開되어 화를 피했다고 한다. 그때 형이 준 책 중에는 야스기리 유이치의 『생물의 역사』, 패러데이의 『촛불 하나의 과학』이 있었다. 또 중학교에 들어간 뒤에는 미야케 야스오의 『공기의 발견』이나 가모프 전집[01] 등 과학책도 많았다. 지금처럼 장정이 예쁜 책과 잡지가 없던 시대여서 나는 이 책들에 푹 빠져 지냈다. 지금까지도 책의 삽화를 기억할 정도다. 학교에서 배우지 않는 과학 세계와의 만남은 내게 무척 강한 인상을 남겼다.

---

01 조지 가모프(1904~1968): 빅뱅 이론을 제안한 러시아 출신의 이론물리학자. 물리, 우주, 생물 등에 관한 많은 책을 썼으며, 과학의 대중적 보급에 진력해 유네스코의 칼링건 상을 받았다(1956년).

중학교 시절에는 로켓이나 인공위성에 흥미를 갖게 되면서 우주를 동경했다. 우리 집은 어머니가 병약한 탓도 있어서 당시 보급되기 시작한 전기세탁기를 비롯해 전자제품을 일찍부터 구입해 사용했다. 과학기술의 진보 덕에 생활이 편리해지는 것을 온몸으로 실감하던 시대였다. 나는 광석 라디오를 만들기도 했지만(진공관 대신에 광석 검파기를 사용하는 간단한 라디오 수신기) 딱히 '과학 소년'은 아니었다. 그래도 부모님의 기대도 있었던 탓인지 아이 무렵부터 커서 과학자가 될 거라는 막연한 생각을 품고 있었다. 고등학교는 현립 후쿠오카고등학교에 진학했다. 과학부에 들어가 꽤 자유롭게 시약을 섞어보는 등 즐거운 시간을 보냈지만 지금 생각하면 위험한 실험도 했었다.

대학교는 아버지가 있는 규슈대학이 내키지 않아 형이 도쿄에 살고 있기도 했기에 도쿄대학에 가기로 마음먹었다. 입시학원이 성행하던 시대도 아니었고 '혹시 합격하지 못하면 어쩌지' 하는 생각은 조금도 하지 않고 도쿄대학 한 곳에만 시험을 봤다.

도쿄대학 교양학부 1, 2학년 반은 지금과 다르게 도쿄 출신자 대부분이 히비야, 니시, 신주쿠, 도야마 등 도쿄 내 도립고교 출신이었고 나머지는 전국 공립고 출신이었다. 그다지 열심히 공부하는 분위기도 아니었고 수험 스트레스를 해소하려는 듯 마작을 하거나 아르바이트를 하며 수업에 나오지 않는 학생들도 있었다. 나 또한 학교 수업은 제대로 듣지 않았고 도스토예프스키나 톨스토이 같은 러시아문학을 닥치는 대로 읽는 등 이런저런 책을 많이 읽었다. 장래 화학을 전공하려고 마음먹었지만 화학 수업에서 기대한 만큼 새로운 자극이나 감동을 얻지 못해 점차 화학에 관심을 잃으면서 앞으로 어떤 분야로 가야 할지 커다란 고민에 빠졌다.

도쿄대학은 후반 2년의 학부와 학과를 그때까지의 성적을 바탕으로 지망해서 정하는 진학 분배 제도가 있었다. 나는 장래의 방향을 생각해 기초과학과를 희망했다. 기초과학과는 교양학부 교수님들을 중심으로 개설한 지 2년째를 맞은 새 학과였다. 기초과학의 전 교과를 널리 배운 뒤 전공을 정한다는 방침으로, 지금으로 말하면 리버럴아츠(교양) 교육의 선구자 격이었다. 대학 입학과 동시에 세세하게 전공이 갈리는 현재 일본의 대학 시스템과는 정반대이며 뒤에 4장에서 말하겠지만 나는 이 방침이 무척 중요하다고 생각한다. 당시 나는 열심히 공부했다고 하기 어려웠고 그때까지 성적도 별로여서 무사히 진학할 수 있을지 매우 걱정했던 기억이 난다. 다행히 기초과학과에 진학하고 나서는 한숨을 놓았다.

분자생물학과의 만남

기초과학과는 새로운 교육을 하는 학과이기도 했기에 의욕이 넘치는 학생들이 많이 모였다. 50명의 반 친구들은 졸업 후 대학원에서 물리, 수학, 천문, 지구물리, 생물학 등 다양한 분야로 나아갔다. 동급생 중에는 히타치제작소에서 DNA 시퀀서를 만든 (DNA의 염기 서열을 읽어 내는 기계 장치) 간바라 히데키, RNA 연구의 토양을 쌓은 와타나베 기미쓰나 등이 있다. 국립천문대 소장을 역임한 가이후 노리오 씨는 1기생이다. 최근에 동창생이 모인 적이 있는데 대학과 연구기관뿐 아니라 의사와 변호사, 창업자 등 직업의 다양성에 놀랐다. 지금 돌아보면 새삼 좋은 학과였다고 생각한다. 현재는 개편되어 기초과학과가 없어진 점이 아쉽기만 하다.

나는 기초과학과를 다니며 장래에 분자생물학 분야를 연구하고 싶다고 생각했다. 하지만 당시는 지금처럼 훌륭한 교과서도 없었고 분자생물학을 표방하는 연구실은 전국에도 손꼽을 정도로 적었다. 하지만 교양학부에 이마호리 가즈토모 교수가 계셨다. 이마호리 교수는 일본 분자생물학의 기틀을 닦은 분으로 당시에 단백질의 구조와 기능, 생합성 구조의 해명을 목표로 하고 있었다. 거기에 큰 매력을 느꼈던 나는 대학원은 반드시 이마호리연구실로 가려고 마음먹었다.

대학교 졸업 후 나는 도쿄대학 고마바캠퍼스에 막 창설된 대학원인 상관이화학相關理化學 전문과정의 1기생이 되었고, 바라던 이마호리연구실에서 대학원 생활을 시작했다. 당시 조교였던 마에다 아키오 교수의 지도하에 단백질 합성이 어떤 식으로 시작되는지, 그 구조를 해명하라는 주제를 받았고 이렇게 해서 세포 내 단백질 합성 장치인 리보솜과 마주하는 나날이 시작됐다.

분자생물학은 대장균이라는 세균과 그 바이러스인 박테리오파지

bacteriophage를 사용해 확립된 체계다. 단백질은 생명 활동을 담당하는 분자이자 어떤 단백질을 만들 것인가에 관한 정보가 유전자로서 DNA에 기재되어 있다. 생명의 정보가 DNA→RNA→단백질 순으로 전해진다는 센트럴 도그마가 확립되어 가는 것을 실감하던 시대였다(센트럴 도그마: 유전 정보의 흐름을 나타내는 분자 생물학의 기본 원리). 유전 암호가 대장균과 인간 사이에 완전히 동일하다는 사실로 상징되듯 생명 활동의 보편적 원리가 분자라는 언어로 해명되어 가는 것에 가슴이 두근거렸다. 대장균의 리보솜을 연구하기 시작했지만 대장균을 연구한다는 생각은 조금도 없었고 그야말로 센트럴 도그마의 한 과제를 풀고 있다는 의식이었다. 그것은 아마도 생명의 기본원리 해명을 목표로 삼은 분자생물학의 초기 분위기 때문이었을 것이다. 대단한 성과는 얻지 못했지만 시대의 첨단을 걷는 연구에 참여한다는 자부심과 실험의 즐거움을 느끼던 시절이었다.

당시는 오키나와 미군기지 반환과 원자력잠수함 기항 등 사회적인 이슈에 학생들이 민감하게 반응하던 시대였다. 석사 2년 차 무렵부터 도쿄대학도 분쟁의 한가운데 들어섰다. 나도 그 이념에 찬동해 실험도 하지 않고 시위에 몰두하는 날들을 보냈다. 문득 깨닫고 보니 벌써 박사과정 1년이 끝나고 있었다.

늦었지만 박사과정의 연구 주제를 생각해야 했다. 그 무렵 나는 대장균이 스스로 만드는 콜리신 E3라는 단백질에 관심을 가졌다. 콜리신 E3는 숙주인 대장균의 막에 결합하면 대장균의 단백질 합성이 곧장 방해 받았다. 왜 이런 일이 벌어지는지 그 구조에 흥미가 갔다. 콜리신 연구는 노무라 마사야스 교수가 오사카대학에 있을 때 마에다 아키오 교수 등과 함께 시작한 연구 주제였다.

그 마에다 아키오 교수가 고마바에 막 만들어진 교토대학 이학부 생물물리학교실로 자리를 옮긴 상태여서 나도 도쿄대학에 적을 둔 채 교토대학에서 연구를 계속하게 됐다. 신설 학과였기에 아직 대학원생이 없어 꽤 자유롭게 행동할 수 있었다.

이 학과에는 생물발생학의 오카다 도킨도 교수, 에구치 고로 조교수, 조교로는 다케이치 마사토시 선생이 있었다. 나아가 오제키 하루오 교수, 오니시 슌이치 교수, 데라모토 에이 교수 등 쟁쟁한 스태프가 있었다. 옆 건물에는 '젊은 생화학 연구자 모임'을 통해 친해진 대학원생이 소속한 화학 교실인 가쓰키연구실이 있었다. '젊은 생화학 연구자 모임'은 그 이름대로 대학원생의 모임으로 나는 매년 여기에 참가해 전국에서 온 여러 친구들을 사귀었다.

교토대학에서는 2년을 보냈는데 그 기간에 연구실 후배인 나카자와 마리코와 결혼했다. 다음 해에 장남이 태어났고 아내는 도쿄대학에 취직하는 등 개인적으로 큰 변화가 있었다. 학생 신분의 결혼은 지금은 생각하기 어려울지 몰라도 당시에는 용인해 주는 사회 분위기였다. 두 사람의 장학금과 학원강사 아르바이트로 생활이 가능하다고 생각했지만, 아이가 생겨 어쩔 수 없이 아버지의 자금 지원을 받아야 했다. 결단이 빨랐던 아내는 생활을 위해 자기도 일을 하겠다고 나섰다. 당시 민간에서는 드물게 미쓰비시화학에 기초연구를 진행하는 생명과학연구소가 생겨 아내는 그곳에 지원했다. 아내는 취직 활동 중 마침 임신한 상태여서 배가 불러 있었다. 마지막 사장 면접은 도쿄 마루노우치의 미쓰비시 본사에서 진행되었는데 "임신한 상태로 오신 분은 처음이군요"라는 말을 들었다고 한다. 하지만 감사하게도 채용이 되었다.

미국으로 건너가 뉴욕에서 유학 생활

당시의 연구 생활을 돌아보면 힘든 면이 있었다. 좀처럼 생각한 대로 결과를 얻지 못해 논문도 쓰지 못했고 내가 봐도 참으로 한심했다. 그렇기는 해도 나의 흥미를 일으키는 실험을 했기에 장래에 대해 초조해하지는 않았다. 물론 나도 가정교사나 학원강사 부업을 했지만 아내는 정식으로 미쓰비시화학의 생명과학연구소에서 근무했다. 육아만으로 아내에게 큰 부담이었을 텐데 나는 그런 면에 둔감했다. 앞날을 지나치게 염려하지 않는 것이 연구자로서 필요한 자질이라며 내 식대로 생각했었다. 연구는 결과가 내다보이지 않기에 앞날만 걱정하다 보면 그저 마음만 불안해진다는 논리였다. 하지만 그것이 아내의 희생 덕에 가능했다는 사실을 뒤늦게야 깨달았다.

그 후 다시 도쿄대학의 이마호리연구실로 돌아갔다. 이마호리 교수는 도쿄대학 농학부 농예화학과로 적을 옮긴 터라 처음으로 혼고캠퍼스에 다니게 됐다. 4년 남짓 걸려 어떻게든 박사학위를 딸 수 있었다. 박사학위를 딴 건 좋았지만 취직자리를 찾기 어려웠다. 국립연구소 조교에 응모했지만 최종적으로는 채용에 이르지 못했다. 이마호리 교수에게 상담하자 "앞으로는 세포생물학의 시대니까 해외에 나가보는 건 어떤가? 세포생물학이라면 뉴욕의 록펠러대학이 좋아"라고 제안했다. 그중에서도 항체분자의 구조 해석으로 노벨상을 수상한 에델만Gerald M. Edelman의 연구실을 추천받았다.

편지를 쓰자 곧장 오라는 답이 돌아왔다. 이는 당시 이마호리연구실의 선배인 야하라 이치로 씨가 에델만연구실에서 크게 활약하던 덕분임이 분명했다. 큰마음을 먹고 가족 셋이 함께 미국으로 건너가기로 결정했다. 에델만연구실에서는 본래 임파구가 항원 자극을 받으면 세포 분열이 유도되는 구조를 연구하고 있었는데 내가 도착한 지 얼마 되지 않아 에델만은 "앞으로는 마우스(실험쥐)의 발생 전全 과정을 연구실 주제로 삼겠다"고 선언했다. 즉, 면역이 아니라 발생을 연구실의 연구 주제로 삼는다는 것이었다. 에델만은 나에게 수정도 세포 분열의 한 종류인 유도 현상이므로 마우스 수정란의 시험관 내 수정계受精系를 세우라고 요청했다.

계의 확립은 마우스로부터 수정란과 정자를 채취하여 혼합하는 것일 뿐 그다지 어렵지 않았다. 그때까지 대장균만을 실험 재료로 삼았던 나에게는 현미경 아래에서 펼쳐지는 커다란 난세포의 초기 발생은 신비할 정도로 아름답고 매력적인 현상이었다. 하지만 불과 십여 개의 난세포는, 대량 배양해 몇 천 억 개의 세포를 상대로 하는 대장균과 무척 격차가 컸고, 지금처럼 기술의 진보도 없던 가운데 내가 도대체 무엇을 할 수 있을지 고민하며 괴로운 2년을 보냈다.

에델만연구실의 3년차 때 다행히도 아서콘버그연구실 출신의 M. 재즈윈스키가 연구실에 들어왔다(아서 콘버그: 분자생물학자로 1959년 노벨생리학·의학상 수상). 그는 효모를 사용해 DNA 복제가 어떤 식으로 시작되는지 그 구조에 관한 연구를 시작했고 나도 거기에 동참하게 됐다. 흥미진진한 주제였지만 이것 또한 쉽게 답을 얻기 힘든 커다란 주제였다. 하지만 신기하게도 이것이 효모와의 내 첫 만남이 되었고 그 후 40년 넘게 효모 연구에 매진하는 계기가 됐다.

미국 3년차 생활도 끝나갈 무렵, 도쿄대학 이학부 식물학교실의 안라쿠 야스히로 교수로부터 조교 역할을 제안 받았다. 안라쿠 교수와는 그때까지 고작 두 번 정도 작은 학회에서 질문을 받거나 짧은 대화를 나누었을 뿐이었는데 이마호리 교수로부터 나의 현재 상태에 대해 듣고는 연락을 주었다고 했다. 나는 안라쿠 교수의 도쿄대학 연구실에서 어떤 연구를 하는지 잘 알고 있었기에 다시없을 기회라고 생각했다.

아내는 생명과학연구소를 휴직하고 함께 미국으로 건너온 뒤 당시 록펠러대학의 노튼진더연구소에서 연구원 생활을 시작한 상태였다. 뉴욕 체류 중 둘째 아들이 태어났다. 아내는 1개월의 휴가를 마치고 직장에 복귀했고 진행 중인 연구를 일단락 할 때까지 계속하고 싶다고 해서 나는 아내와 둘째를 남겨두고 큰아들과 일본으로 돌아오기로 했다. 이렇게 해서 나의 뉴욕 유학 생활이 마무리되었다.

　록펠러대학은 작은 대학이지만 노벨상 수상자가 다수 소속해 있었고 매주 국내외 일류 연구자들의 강연이 있었다. 내가 있던 건물에는 프리츠 립맨[02], 귄터 블로벨[03], 그리고 리소좀(세포에 있는 소기관으로, 세포 내외의 성분을 분해하는 역할을 담당)의 발견자 크리스티앙 드 뒤브의[04] 연구실이 있었지만 내가 장래 오토파지를 연구하게 될 줄은 당시에는 꿈에도 생각지 못했다(자세한 내용은 2장 참조). 우리 부부는 각기 다른 연구실에 소속해 있어 연구에 관한 대화를 나눌 기회가 적었다. 그나마 아이들이 다니는 보육학교가 대학 바깥의 사람과 영어로 대화할 많지 않은 기회였는데 그 때문에 영어에도 그다지 능숙해지지 못한 것이 안타깝다.

　뉴욕 생활을 만끽했는가 하면 그렇지도 못했다. 사실 그곳의 문화를 접할 기회도 그리 많지 않았다. 그나마 대학교 아파트가 맨해튼 한복판에 있어서 쉬는 날에는 걸어서 15분 거리의 카네기홀이나 센트럴파크에 자주 다니곤 했다. 지금도 카네기홀에 처음 갔던 때를 기억한다. '티켓 요금은 얼마지? 어떤 옷을 입어야 하지?' 하며 긴장했다. 실제로 가장 앞줄에는 턱시도와 드레스를 입은 신사숙녀들이 자리 잡았지만 위층에

---

02 독일 출생의 미국 생화학자. 비타민 B의 연구, 에너지 대사에서 인산 결합의 연구, 조효소 A의 발견 등으로 1953년 H.A.크렙스와 함께 노벨생리학·의학상 수상
03 미국의 세포생물학자. 세포내 단백질의 수송과 수송위치 결정기작을 발견한 공로로 1999년도 노벨생리학·의학상 수상
04 벨기에의 생화학자. 1974년 세포의 구조와 기능에 관한 연구로 A.클로드, G.E.펄레이드와 함께 노벨생리학·의학상 수상

는 청바지 등 편안한 차림의 관객들이 있었다. 티켓도 일본에 비해 훨씬 저렴했다. 일본보다 콘서트가 일상의 친근한 생활처럼 느껴졌다. 아직 1달러가 300엔 정도 하던 시대였고 뉴욕은 풍족한 도시라고 느꼈다. 안전을 포함해 무엇이든 돈으로 손에 넣을 수 있었지만, 그만큼 가난한 사람은 살기 힘든 곳이 아닐까 하는 생각도 들었다. 그렇기는 해도 그곳에서 보낸 3년은 많은 추억이 쌓인 시기이기도 했다.

뉴욕에서 생활하던 무렵의 가족. 둘째 아이가 갓 태어났을 때

다른 사람이 하지 않는 연구를 하자

도쿄로 돌아와 들어간 안라쿠연구실에서는 대장균이 외계로부터 세포막을 통해 아미노산 등의 분자를 받아들이는 수송 기구와 수송을 담당하는 단백질(트랜스포터)에 관한 연구가 진행 중이었다. 나도 대장균 연구로 돌아갈 각오를 했는데 "효모 연구를 진행해도 좋다"는 말을 듣고는 혼자서 효모 연구를 시작하게 됐다.

자, 무엇을 시작할까 고민한 끝에 효모의 세포 내 소기관인 액포의 수송을 연구하기로 마음먹었다. 연구실에서 연구 중인 수송 현상과 관련된 분야가 좋다고 생각했기 때문이었다. 한편, 수송이라고 해도 많은 사람이 연구하는 세포막의 수송이 아니라 아직 거의 손을 대지 못한 세포 내의 막에 둘러싸인 세포소기관(오거넬라) 막인 액포 수송계를 연구해 보고 싶었다. 액포를 선택한 또 다른 이유는 에델만연구실에서 효모로부터 핵을 정제한 경험이 있었기 때문이다. 원심분리기로 분리하면 원심관의 최상층에 하얀 층이 떠올라 있었다. 이게 뭘까 하는 생각에 현미경으로 들여다보자 그건 액포였다. 실로 아름다웠고 이렇게 단순한 조작으로 단리單離할 수 있는(혼합물에서 하나의 원소나 물질을 순수한 형태로 분리하는 것) 오거넬라가 있었나 하고 강한 인상을 받았다.

당시 액포는 불활성 세포소기관으로 세포의 쓰레기장 정도로밖에 여기지 않았다. 관심을 보이는 사람이 별로 없었지만 나는 그렇게 생각하지 않았다. 나는 액포에 우리가 아직 모르는 다양한 기능이 분명히 있다

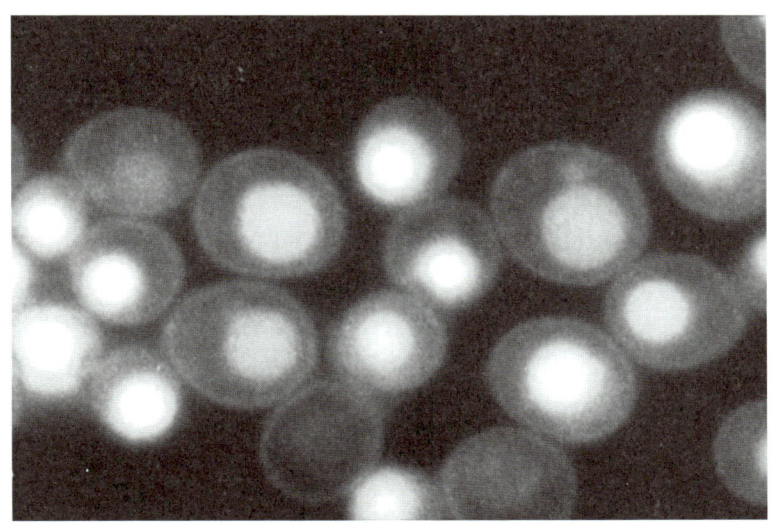

효모의 액포 모습. 밝게 빛나는 것이 액포다. 세포 내에서 커다란 부피를 차지하는 것을 알 수 있다.

고 생각했다. 식물은 세포 부피의 90퍼센트를 액포가 차지한다. 그 밖에도 내가 소속된 곳이 이학부 식물학교실이었던 점도 액포 연구를 진행하는 데 더없이 좋은 환경이 되어 주었다.

나의 마음 밑바닥에는 "다른 사람이 하지 않는 연구를 하자"는 마음이 있었다. 어렸을 때부터 경쟁을 좋아하지 않았기에 많은 사람이 경쟁하는 과제는 피하고 싶었다. 많은 사람이 흥미를 갖는 연구를 진행하면 연구는 '경쟁'이 된다. 그리고 그중 누가 일인자가 되는지가 중요해진다. 게다가 내가 하지 않아도 언젠가 누군가 답을 찾을 것임이 분명하다. 반면, 아직 아무도 하지 않은 연구는 그 어떤 것도 새로운 발견이며 훨씬 즐겁다. 연구에 대한 나의 이런 태도는 이후에도 나의 일관된 신조가 되었다. 이렇게 해서 지금도 진행 중인 나의 액포 연구가 시작되었다.

내가 선택한 액포의 수송계 연구는 당시 효모를 통해 활발한 연구가 이루어지기 시작한 유전학과는 동떨어져 있었고 분자생물학과도 인연이 없어 보이는 과제였다. 그래서 내가 도대체 무엇에 관심이 있는 걸까 의문을 품은 사람도 많았을 것이다.

대량으로 효모를 배양한 후 세포를 파괴해서 액포를 채취하고 그 막을 정제한다. 액포는 현미경으로는 크게 보여도 단리 정제되는 액포막은 놀랄 정도로 소량이다. 따라서 액포막의 수송 현상을 측정하려면 몇십 리터나 되는 배양이 필요했다.

하지만 얼마 되지 않아 액포막에 특정 아미노산을 가하면 아미노산이 뒤섞여 농축된다는 사실을 알게 됐다. 즉 액포막이 아미노산과 칼슘

> **많은 사람이 흥미를 갖는 연구는
> 그 중 일인자를 가리는
> '경쟁'이 되고 만다.
> 반면, 아무도 하지 않은 연구는
> 늘 새롭고 즐거운 발견이다.**

이온 등을 능동적으로 수송하는 구조를 갖고 있다는 말이다. 이렇게 액포는 쓰레기장 같은 것이 아니라 다양한 대사물과 이온의 저장 기능을 적극적으로 담당하며 세포의 항상성 유지에 중요한 역할을 한다는 점을 알아낼 수 있었다.

액포 내부는 특정 아미노산 등의 농도가 세포질보다 높다. 농도가 낮은 쪽에서 높은 쪽으로 거슬러 저장되려면 액포 내부가 산성이라는 점이 관여한다는 사실을 알게 됐다. 이전부터 액포의 내부는 산성이라는 점이 알려져 있었다. 이 액포 내의 산성화를 담당하는 장치가 복잡한 구조를 띤 단백질 복합체라는 사실을 찾아내는 데도 성공했다(V형 ATP분해효소$^{V-type\ ATPase}$라고 한다). 그 후에도 이 단백질 복합체는 세포 내의 막계膜系의 움직임과 관련된 중요한 장치로서 지금도 많은 사람이 연구를 계속하고 있다.

나는 1988년에 도쿄대학 교양학부의 생물학교실 조교수가 되어 작은 독립 연구실을 갖게 됐다. 그때가 이미 43세였다. 액포 수송계와 V형 ATP분해효소에 대해 아직 많은 과제가 남아 있었지만 새 연구실을 얻었기에 새로운 과제에 도전할 다시없을 기회라고 여겼다. 나는 계속 흥미를 갖고 있던 액포의 단백질 분해 역할을 규명하고 싶었다. 액포 내에 단백질 등의 분해 효소가 존재한다는 사실은 알려져 있었지만 어느 것이 언제, 어떤 기구에서 세포 내에서 분해되는지는 전혀 모르는 상태였다.

당시 분자생물학의 주류는 단백질이 언제, 어떤 식으로 만들어지는

지 이른바 유전자 '발견'의 문제였다. 한편 단백질의 '분해'는 그만큼 중요한 역할을 하지 않는다고 많은 사람이 생각하고 있었다. 단백질은 자연스레 파괴되는 것이며 세포가 적극적으로 파괴한다고는 생각하지 않았던 것이다.

생각해 보면 안정된 시스템은 합성과 분해의 평형 상태에서만 성립한다. 이것은 도시의 기능이나 생산 현장을 떠올려 봐도 쉽게 이해할 수 있다. 오래되어 기능이 떨어진 것이나 만드는 과정에서 생긴 불량품은 제거해야 한다. 생물체도 마찬가지다. 합성과 분해가 균형을 이루어야 비로소 정상적인 기능을 유지할 수 있다.

오토파지는 세포가 자신의 구성 성분을 리소좀으로 옮겨 분해하는 기구로서 1960년대에 발견되었다. 지금에 와서는 세포의 주요 분해기구로 알려져 있지만 내가 연구를 시작할 무렵만 해도 '오토파지'라는 단어가 생물학자들 사이에 거의 알려지지 않은 시기였다.

**안정된 시스템은 합성과 분해의 평형 상태에서만 성립한다.
오래되어 기능이 떨어진 것이나 만드는 과정에서 생긴 불량품은 제거해야 한다.
생물체도 마찬가지다.**

이렇게 말하면 분해가 중요하다는 점을 간파했다고 할지 몰라도 그런 말을 들으면 마음이 편치 않다. 앞서 합성 연구가 있었기에 분해 문제가 그 다음에 오는 것은 자연스러운 흐름이었다. 합성 구조에 대해 모르는 상태에서 분해를 연구하려는 생각은 결코 하지 못했을 것이다. 이런 의미에서 본다면 연구 주제 역시 연구자가 처한 시대를 강하게 반영한다고 할 수 있다. 내가 시작하지 않았다면 몇 년 후 누군가가 어떤 계기로든 오토파지의 분자 기구 연구를 시작했을 것이다.

틀림없이 재미있는 현상을 만났다!

액포가 세포 내 분해를 담당한다면 어디서부터 손을 대면 좋을까. 만약 실제로 세포질의 단백질이 액포 내에서 분해되는 것이라면 단백질은 액포막을 넘어 액포 내의 분해 효소를 만나야 한다. 따라서 반드시 막膜 현상이 관여할 것이 분명하다. 쉽지는 않지만 재미있는 문제라고 생각했다.

여기에 큰 힌트가 된 것은 포자 형성이라는 현상이었다. 효모는 단백질 등에 필수적인 원소인 질소원이 없어지면 증식을 멈추고 4개의 포자를 형성한다. 이 포자 형성은 효모가 나타내는 가장 극적인 형태 변화다. 나는 전부터 이 현상에 관심이 있었고 그 과정에 액포가 관여하는 것이 아닐까 생각했다. 포자 형성에 필요한 단백질을 합성하려면 바깥에 질소원이 없으므로 자기 세포질의 단백질을 분해해 포자 형성에 필요한 단백질을 합성하는 것이 분명하다고 생각했다.

따라서 우선 포자가 형성되는 초기 과정의 액포에 주목해 현미경을 들여다봤다. 하지만 눈에 띄는 변화는 보이지 않았다. 그렇다면 분해를 멈추면 되지 않을까? 그렇게 생각해 액포의 단백질 분해 효소가 결핍된 변이주를 사용해 보기로 했다. 다행히도 미국의 효모 유전학자 E. W. 존스가 액포 단백질 분해 효소가 변이한 세포를 캘리포니아대학에 있는 효모유전학 보존센터YGSC에 기탁한 상태였다.

곧장 편지를 보내 액포의 단백질 분해 효소가 결핍된 변이주를 손에 넣었다. 그 효모를 기아飢餓 상태로 만들어 현미경으로 관찰해 봤다. 그러자 기아가 된 몇 시간 후에 모든 세포의 액포 내에서 작은 구형球形 구조가 격하게 움직이는 모습이 보였다. 틀림없이 재미있는 현상을 만났다고 직감했다.

당시 내가 갖고 있던 극히 평범한 배율의 현미경으로도 관찰이 가능했던 이유는 그 구형 구조가 확실히 움직이고 있었기 때문이다. 움직이는 모습이 무척 재미있었고 몇 시간을 보아도 질리지 않았다. 이 발견이야말로 그 후의 30년을 결정한 순간이었다.

세포질이 고농도 단백질을 포함한 데 비해 액포는 내부에 특정한 구조를 갖지 않으며 단백질 분해효소 외에는 거의가 수용액이다. 내부 물질을 광학현미경으로 용이하게 검출할 수 있다는 사실을 평소 관찰로 알고 있었던 점도 발견에 도움이 되었다. 그때 내가 갖고 있던 실험기구는 아주 기본적인 것이었고 내가 행한 실험 자체도 매우 간단한 것이었다. 그렇지만 발견은 때로 최신 장비가 없어도 가능하며, 누구도 깨닫지 못한 부분에 잠들어 있는 것이 아닐까 하는 생각이 들었다.

세포 내에서 어떤 일이 벌어지고 있는지 궁금했던 나는 효모의 전자현미경 분석을 하던 바바 미스즈 씨와 곧장 전자현미경으로 관찰을 시작했다. 세상에서 가장 아름답다 해도 과언이 아닌 바바 씨의 효모 전자현미경 기술을 통해 세계 최초로 효모가 기아 상태에서 일으키는 과정의 전모를 확인할 수 있었다.

효모가 증식에 필요한 영양원이 없는 배지培地에 노출되어 기아 상

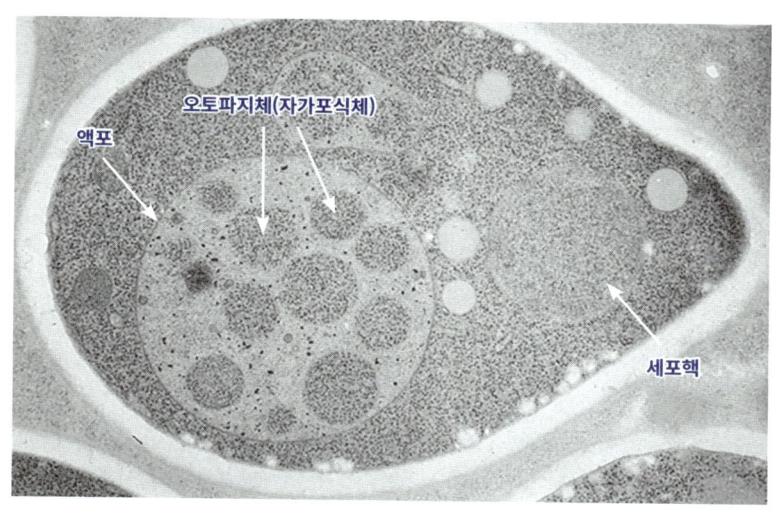

주요 액포 내 단백질 분해효소가 결핍된 세포의 기아 3시간 후의 전자현미경 관찰 모습(촬영: 바바 미스즈 씨)

태가 되면 세포 내에서는 액포 근처에서 세포질의 일부를 둘러싸듯 막의 주머니가 늘어나며, 결과적으로 닫힌 이중막 구조인 오토파고솜autophagosome이 만들어진다. 오토파고솜은 그 외막이 액포막과 융합하면 내막으로 둘러싼 부분(이것을 오토파지체 또는 자가포식체autophagic body라고 한다)이 액포 내에 방출된다.

즉 효모는 자기 세포질의 일부를 막으로 둘러싸 격리하고 그것을 액포에 운반하는 구조로 되어 있다는 사실을 알게 됐다. 이 세포질 분해 기구는 액포가 리소좀에 비해 크기가 크다는 점 외에는 막 현상으로는 포유류의 세포로 알려진 오토파지와 똑같았다. 본래 오토파지체(자가포

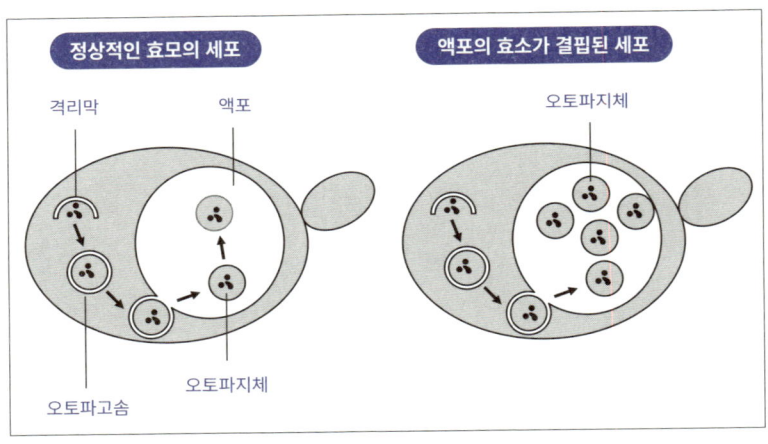

정상 세포(좌)와 세포 내 분해 효소가 결핍된 효모 세포(우)에서의 오토파지의 모습. 기아 상태가 되면 세포는 막이 늘어나 세포질을 일부 둘러싸며, 닫힌 오토파고솜이 만들어진다. 그 외막이 액포막과 융합하여 안의 막 구조가 액포 내에 방출된다. 정상 세포에서는 곧장 분해되지만 분해 효소가 없는 세포에서는 축적된다.

식체)의 막과 안의 세포질 성분은 액포의 분해효소에 의해 곧장 분해되어 아미노산이 되며 그것이 다시 세포질로 돌아가 재활용되는 것이다.

세포 자신에 의한 이런 분해 현상을 오토파지, 즉 자가포식 작용이라고 한다. 1960년대에 포유류에서 발견되었으나 이 현상에 관여하는 유전자나 분해 기구에 관해서는 오랫동안 알려지지 않았다. 유전학적 해석이 가능한 효모에서 오토파지가 발견된 것은 획기적인 일이었다.

이 현상을 파악한 것은 내가 독립하고 두어 달 지났을 무렵이지만 최초의 논문을 발표할 때까지 잡지 편집자와 논의를 거치느라 1992년에야 겨우 논문을 게재할 수 있었다.

오토파지와 관련된 유전자를 특정

분자생물학자인 이상 나는 이 현상에 관여하는 유전자, 나아가 그 유전자로부터 만들어지는 단백질을 알아내야 한다고 생각했다. 이를 위한 방법으로 생각한 것이 유전적 해석, 즉 오토파지가 이루어지지 않는 변이주를 찾아내는 것이었다. 유전학의 묘미는 많은 변이 중에서 목적하는 변이를 선택하는 작업, 즉 스크리닝screening이라 할 수 있다. 하지만 오토파지가 이루어지지 않는 효모가 어떤 성질을 나타내는지는 알 수 없었다.

그렇기에 효모의 오토파지 진행을 광학현미경으로 관찰할 수 있다는 점에 착안했다. 그것을 지표로 하나하나의 세포를 배양해 조사를 시작했다. 커다란 끈기가 필요한 작업이었다. 이를 도와준 것이 우리 연구실에 처음으로 참가한 대학원생 쓰카다 미키 씨였다. 그녀의 노력으로 오토파지가 이루어지지 않는 변이주를 밝혀내는 데 세계 최초로 성공했다(apg1, 후에 atg1으로 명명).

하지만 오토파지라는 복잡한 현상에 단 하나의 유전자만이 관여할리 없었다. atg1 변이세포는 영양이 충분한 배지에서 증식할 때는 눈에 띄는 성질을 보이지 않았지만 기아에 노출되면 2일째 무렵부터 사멸해버린다는 사실을 알게 됐다. 그래서 이렇게 되는 이유가 오토파지 불능의 성질이라고 가정한 뒤, 기아 상태에서 죽기 쉬운 세포 중에서 오토파지 불능주를 찾아내고자 시도했다. 이렇게 단번에 오토파지에 적어도 15개의 유전자가 관여한다는 사실을 증명하는 데 성공했다.

이때의 연구 성과를 기록한 짧은 논문을 1993년에 〈FEBS Letters〉라는 잡지에 발표했다. 당시에는 크게 주목받지 못했지만 지금은 오토파지 연구의 시작을 알린 가치 있는 논문 중 하나로 인정받고 있다. 그 후의 연구를 통해 효모의 오토파지 진행에는 ATG1, ATG2, … 라고 이름 지은 18개의 유전자가 관여하며, 그들 유전자로부터 만들어진 단백질(Atg1, Atg2, …)이 이를 담당한다는 사실을 알게 됐다.

효모에서는 유전자를 대문자 이탤릭체 알파벳 세 문자와 아라비아 숫자(x)로 나타내며, 그 기능 부전의 잠성潛性을 가진 유전자는 소문자로 표기한다. 오토파지 관련 유전자는 ATGx, 그 유전자로부터 만들어진 단백질은 Atgx로 적는다. 이때 x에 숫자가 들어간다.

처음으로 찾아낸 ATG1 유전자의 움직임을 조사한다는 선택지도 있었지만 오토파지에 관여하는 유전자를 망라해 찾아내는 일에 도전했다. 스크리닝이 제대로 풀렸고 오토파지에 필요한 유전자의 변이주 대부분을 찾아낼 수 있었다. 이것이 그 후 복잡한 오토파지 기구를 해명하는 데 큰 의미를 갖게 됐다.

참고로 이 유전자의 이름을 우리는 처음에 APG라고 붙였지만, 해외의 몇 개 그룹이 다른 이름을 붙임으로써 혼란을 피하고자 2003년에 ATG로 통일됐다. 그 대부분이 APG에 포함되어 있었기에 우리가 이름 붙인 유전자 번호가 존중받았고 우리로서는 APG를 ATG로 바꿔 읽기만 하면 됐다.

변이주를 찾았으니 다음은 변이를 일으키는 유전자를 특정해야 한다(클로닝). 구체적으로는 오토파지가 이루어지지 않는 변이주에 외부로부터 다양한 정상 유전자를 넣은 후 그중에서 오토파지가 이루어지는 세포를 고른다. 이렇게 하면 어떤 유전자가 관여하는지 알아낼 수 있다.

클로닝을 한 다음에는 그 염기배열을 결정한다. 그 결과, 그 유전자로부터 몇 개의 아미노산이 만들어지는지, 어떤 식의 배열을 가진 단백질이 만들어지는지 알 수 있다.

하지만 당시에는 대학원생이나 포스트닥터 숫자가 적은 소규모 연구실에서 모든 유전자를 동정하려면 정년까지 시간이 걸릴 것 같다고 생각했다. 보다 좋은 연구 환경으로 옮기고 싶어 어느 대학의 공모에 응모해 거의 정해졌다는 연락을 받았지만 최종적으로 채용에 이르지는 못했다.

그 직후에 기초생물학연구소의 교수 공모가 있었고 나는 거기에 채용됐다. 기초생물학연구소는 아이치현 오카자키시에 있는 국립연구소로 그때까지 몇 번 방문한 적이 있었는데 동경의 대상이 될 만큼 훌륭한 연구 환경을 갖추고 있었다. 당시 51세였던 나는 오토파지 연구에서도 아직 눈에 띄는 성과를 보인 것은 아니어서 교수로 맞이하는 것에 대해 인사위원회에서 격렬한 논의가 있었던 것 같다. 나로서는 매우 중요한 일을 한다는 생각이었는데 그것이 인사위원회에 전해졌는지 모른다. 이렇게 해서 나의 새로운 연구실 생활이 시작되었다.

차례로 밝혀지는 사실로 세계를 독주

당시 연구소장은 도쿄대학 고마바캠퍼스의 생물학교실 및 방송대학에서 신세를 진 모리 히데오 교수였다. 감사하게도 소장으로부터 서둘러 조교수, 조교 2명, 사무관 1명의 스태프를 채용해 연구를 시작하라는 명을 받았다. 연구실 단위가 작아진 지금의 대학에서는 불가능한 진용이다.

나는 연구소에서 식물 연구 그룹에 속했지만 오토파지 연구는 포유류에서 긴 역사가 있다. 나는 포유동물의 구조도 동시에 연구를 진행하고 싶다는 생각에 간사이의과대학에서 동물세포의 막 수송 연구를 진행하던 요시모리 다모쓰 씨를 조교수로 맞이하기로 했다. 효모를 연구하는 노다 다케시 씨와 가마다 요시아키 씨를 조교, 가베야 유키코 씨를 사무관으로 하는 풀 스태프의 연구실이 설립됐다. 이에 더해 고마바에서 대학원생 2명이 추가되어 총 9명의 연구실이 시작됐다. 2년째에는 도쿄의과치과대학에서 일본학술진흥회의 특별연구원이던 미즈시마 노보루 씨가 가담해 그 후 포스트닥터와 조교로 큰 공헌을 해 주었다.

그 후에도 점차 다양한 대학에서 대학원생들이 참여해 효모를 중심으로 포유류와 식물의 세 가지 계系에서 오토파지 연구를 전개하는, 세계에서 유례없는 연구실이 됐다. 전국의 우수한 인재들이 포스트닥터로

1998년 촬영. 오카자키의 기초생물학연구소 멤버

참여하면서 각 분야의 연구 발전에 크게 기여했다.

도쿄대학 교양학부에서는 오토파지가 이루어지지 않는 변이주를 취득해 그것을 단서로 분자 수준에서 오토파지의 구조를 해명하는 연구가 시작된 상태였지만 그것이 기초생물학연구소에서 단번에 가속화됐다.

유전자의 단리(클로닝)에 관해서는 니시토쿄과학대학(현 데이쿄과학대학)에 있던 아내 유리코의 연구실 학생들의 노력으로 예상보다 순조롭게 진행됐다. ATG 유전자의 해석도 다행히 효모의 전全 게놈 배열이 결정되기도 했고 DNA 배열 결정 기술의 진보에 힘입어 비교적 단기간에 규명할 수 있었다.

이렇게 오토파지의 진행에 필수적인 18개의 ATG 유전자와 그로부터 만들어지는 Atg 단백질의 실체를 알게 되었다. 놀랍게도 18개의 ATG 유전자 중 대다수는 그 기능이 미지의 단계에 있는 아직 이름이 붙여지지 않은 유전자군이었다. 효모 분야에서는 기존에 전 세계에서 다양한 각도에서 유전학적 해석이 진행되고 있었고, 미지의 유전자는 전체의 20~30%나 되었다. 특정 생리기능에 관련한 다수의 유전자가 미지인 채 남겨져 있던 점은 놀라운 일이었다.

연구를 계속 진행하자 이들 Atg 단백질은 전부 오토파지에 특유한 오토파고솜이라는 막 구조를 만드는 현상에 관여한다는 사실을 알게 됐다. 각각의 단백질은 단독이 아니라 복합체로 기능했기에 해석이 어려웠지만 그것들이 6가지 기능을 가진 그룹('기능 단위'라고 한다)을 구성한다는 점을 알게 됐다. 예를 들어 오토파지를 유도하는 그룹, 오토파고솜의 막을 만들 때 지질을 늘리는 그룹 등이다. 또한 그들 그룹에 순서가 있다는 점도 알게 됐다.

그중에서 흥미롭게도 세포 내의 또 다른 분해계로서 중요한 '유비퀴틴 경로'라는 기능과 비슷한 반응이 2개나 포함되어 있다는 흥분되는 발견도 하게 됐다.[05] 이렇게 Atg 단백질의 6가지 기능 단위가 액포 근처에 모여 막 형성을 담당한다는 모형을 밝혀낼 수 있었다.

나아가 오랫동안 홋카이도대학에 계신 이나가키 후유히코 교수, 현재는 미생물화학연구소로 이동한 노다 노부오 교수와의 공동 연구를 통해 Atg 단백질의 입체구조도 해명했다. 요즘에 와서는 단백질의 기능을 이해하기 위해서는 단백질의 입체구조를 아는 것이 필수로 여겨지며 이 점에서도 크게 진전을 거둘 수 있었다.

이와 같은 다양한 방법을 통해 효모의 ATG 유전자의 해석이 이루어져, 오토파지의 분자 기구에 관한 이해가 비약적으로 진전되었다. 효모에서 오토파지에 관한 ATG 유전자가 동정된 것은 효모에서의 분자 기구의 이해가 깊어진 것에 그치지 않고 커다란 임팩트를 지니고 있었다.

기초생물학연구소에는 동물과 식물 등 다양한 생물을 연구하는 연구실이 있다. 그 이점을 살려 우리 연구실에서도 미즈노 씨, 요시모리 씨가 동물세포의 오토파지 연구를, 대학원생과 포스트닥터가 고등식물의 오토파지 연구를 시작했다.

[05] 유비퀴틴: 수명이 다한 단백질에 달라붙어 단백질 분해 과정에 참여하는 인체 내 단백질. 2004년 노벨화학상 수상 주제

그렇다면 효모에서 찾아낸 ATG 유전자이지만 고등동식물에도 같은 작용을 하는 유전자가 있을까? 효모의 유전자와 비슷한 상동유전자가 있는지는 DNA 배열을 통해 조사할 수 있다. 조사해 본 결과 상동유전자를 찾게 됐다. 즉 효모의 ATG 유전자에 대응하는 일군의 유전자가 마우스(실험쥐)와 인간, 식물에도 존재하며 그것들이 오토파지에 관여한다는 사실을 알게 됐다. 이것은 오토파지라는 기능이 진화의 과정에서 핵을 가진 진핵세포(세포 내에 핵으로 대표되는 다양한 세포소기관을 가진 세포)가 출현한 초기 단계에 획득된 오랜 기원을 갖고 있다는 점을 보여준다. 그야말로 이 시기, 오토파지 연구에서 우리 연구실이 세계를 리드하는 독주 상태였다고 생각한다.

현대에는 특정 생명현상을 이해할 때 이에 관여하는 유전자를 동정하는 일이 결정적인 의미를 지닌다. 유전자를 알면 유전자 조작기술을 이용해 그 유전자를 파괴한 이른바 녹아웃 마우스나 유전자 파괴 식물을 만들 수 있다. 그럼으로써 효모의 불능변이주처럼 고등동식물에서 오토파지가 어떤 생리 기능에 관여하는지 조사할 수 있다. 실제로 최초의 ATG 녹아웃 마우스가 구마 아키코와 미즈시마 노보루 씨에 의해 만들어졌으며 오토파지가 마우스의 출산 후 생존에 필수라는 점이 처음으로 밝혀졌다. 나아가 ATG 유전자가 만드는 단백질을 단서로 삼자 그때까지 전자현미경 없이는 검출할 수 없었던 오토파지의 진행을 현미경으로 실시간 관찰할 수 있게 됐다.

이처럼 오토파지 연구의 양상은 크게 변화했다. 전 세계에서 다양한 생물종, 세포, 조직, 나아가 개체에서 ATG 유전자를 단서로 오토파지 연구가 시작되었고 현재까지도 오토파지 연구는 그래프에서 보여주듯 가파른 상승세를 타고 있다. 내가 연구를 시작할 때만 해도 전 세계에서 고작 20개의 보고서가 발표되었지만 2020년에는 1만 개의 보고서 논문이 발표되는 일대 영역이 되었다. 우리 연구실의 효모 연구가 오토파지 연구의 전개에 크게 기여하게 된 것이다.

우리 연구의 전개는 널리 인정받았고 과학연구비 보조금 중 최고액인 특별추진연구로도 채택되었다. 그 덕에 정년이 가까워 통상적으로 대학원생의 참여를 기대하기 어려운 상황에서도 우수한 박사 연구원들이 참여해 연구를 진행할 수 있었다.

이처럼 많은 결실을 얻은 기초생물학연구소였지만 2회 차의 특별추

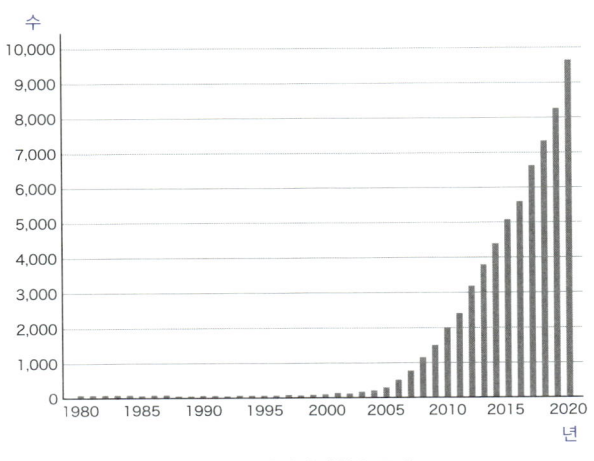

오토파지에 관한 논문 수

진연구 기간도 3년밖에 남지 않아 미래를 생각하지 않을 수 없었다. 가령 내가 정년까지 기초생물학연구소에 적을 둔다면 그 후 어딘가로 이동하려 해도 연구실 설립부터 시작해야 하며 연구의 전개도 어려워진다. 오카자키에서의 단독 부임도 13년째가 되었고 가족과 함께 살고 싶다는 마음도 부풀어 올랐다.

그러던 중 운 좋게도 정년을 기다리지 않고 도쿄공업대학에서 제안이 왔다. 특임교수로 초빙 받아 2009년 4월부터 요코하마 시 교외의 스즈카케다이 캠퍼스로 자리를 옮기게 된 것이다. 널찍한 연구실 공간에 무척이나 혜택 받은 연구 환경이었다. 나아가 기쁘게도 기초생물학연구소의 연구실 멤버 중 대다수가 함께 이동해 주었다. 모두의 협력으로 아주 단기간에 연구를 재개할 수 있었다. 우리 연구실에서 떠난 사람은 각각의 장소에서 동물과 식물의 오토파지 연구를 전개하게 됐다.

현재 오토파지 연구는 암의 억제나 신경변성질환 등의 다양한 질병 치료, 식사 제한, 절식 요법과 수명, 건강 문제 등 그 응용에 대해 전 세계의 관심이 쏟아지고 있다. 하지만 우리 연구실은 지금도 오토파지의 미해결 문제를 효모로 풀어내는 것을 목표로 해석을 계속하고 있다. 액포 내의 분해 과정에 대한 상세한 이해는 물론, 분해의 최종산물도 특정하고 싶다. 최종산물이 세포의 대사에 미치는 영향을 조사함으로써 분해의 생리적인 의의를 풀어낼 수 있다고 보기 때문이다. 지금도 생리학적인 연구의 즐거움과 어려움을 맛보면서 앞으로 1~2년 사이에 우리 연구를 집대성하고 싶다고 바라고 있다.

'3년만 있으면'이라는 마음에서 시작한 도쿄공업대학에서의 연구는 3회 차의 특별추진연구 및 기반연구(S)라는 대형 과학연구비를 받아 벌써 12년째 지속 중이다. 도쿄공업대학으로 옮길 무렵부터 아사히상이나 가드너국제상 등 다양한 상을 받게 되었고, 2016년에는 노벨상까지 수상하기에 이르렀다. 혜택 받은 연구 환경을 제공해 준 도쿄공업대학에 은혜를 갚았다는 생각이 든다.

생각해 보면 나는 도쿄대학 교양학부의 기초과학과와 교토대학 생물물리학교실 등 이제 막 창설되어 전통도 무엇도 없는 곳을 걸어 왔다는 사실을 깨닫는다. 물론 도쿄대학 식물학교실은 오랜 전통을 자랑하는 학과임에도 권위적인 분위기가 전혀 없는 민주적인 연구실이었다. 도쿄

2016년 노벨 생리학·의학상 수상 장면

공업대학에서도 세포제어공학연구센터에서 세포생물학의 거점을 마련하게 됐다. 작은 연구센터이지만 무척이나 마음 편하고 뛰어난 연구 환경으로 나아가고 있다.

그때그때 최선을 다한다

이렇게 나의 연구 인생을 돌아보면 세밀한 계획 없이 그저 흘러가는 대로 지내 왔다고 통감한다. 분명 몇 번인가 고비가 있었고 그때 다른 선택을 했다면 그 후의 인생이 어떻게 바뀌었을까 상상하게 하는 장면이 몇 번이고 있었다. 스스로 정한 적도 있지만 주변 상황 때문에 다른 선택이 없었던 경우도 있었다. 당시에는 안타깝게 생각한 일도 실은 좋은 일이었다는 생각이 들기도 한다. 인생이란 모든 것이 약속대로 되지 않는 우연의 축적이며 그때그때 최선을 다하면 되는 것이 아닌가 나는 믿는다.

소속한 대학과 연구소에서 다양한 선생과 동료들을 만난 것이 그 후의 내 인생에 커다란 밑거름이 되었다. 무엇보다 큰 행운은 언제나 훌륭한 사람들을 만났다는 점이다. 지금까지 우리 연구실에는 100여 명의 스태프와 포스트닥터, 대학원생, 기술원, 비서, 타 대학 학생들이 참여했다. 연구실마다 독특한 분위기가 있지만 우리 연구실은 한 번도 트러블이 발생하지 않았다. 협력적이고 연구를 좋아하며 진지하게 과학을 대하는 사람들이 우리 연구실에 모인 것은 나의 가장 큰 자랑이기도 하다. 그들은 현재 일본 전국에서 각자 자신들의 활동을 펼치고 있다. 연구란 그야말로 사회적이며 인간적인 활동이라는 점을 새삼 절실하게 느낀다. 이상이 나의 반세기 연구 인생의 발자취다. 그런 가운데 느낀 것과 생각한 것에 대해서는 4장 이후에 이야기를 풀어 보려고 한다.

> 인생이란 약속대로 되지 않는 우연의 축적이며 그때그때 최선을 다하면 된다고 믿는다. 무엇보다 큰 행운은 언제나 훌륭한 사람들을 만났다는 점이다.

2부

효율화되고
고속화된 오늘날에

오늘날 모든 분야에서 기존 방식을 재검토하며 불필요한 부분을 없애고 있다. 효율성을 강조하면서 점점 더 고속화되고 있는 것이다. 과학 연구의 세계도 예외는 아니다. 이렇게 해서 불필요한 것은 확실히 줄었을지 모르나 과연 이러한 방식으로 일본의 과학이 세계를 주도하고 있을까? 다양한 통계를 통해 그렇지 않다는 사실이 드러나고 있다. 이유는 무엇일까? 현대사회와 과학의 문제점을 파헤쳐 본다.

3장

기다림에
익숙하지 않은
우리

나가타 가즈히로

알기 위해 쓰는 시간

많은 사람이 과학은 학교에서 배우는 것이라는 인식을 막연히 갖고 있다. 학교에서 배운 지식을 사용하는 곳은 학교 시험뿐이라고 다들 느끼는 것 같다. 교과서의 내용은 지식으로 분명히 알고 있음에도 아는 것이 일상의 장에서 피드백 되지 않는다. 대부분의 사람에게 교과서에서 배운 지식은 서랍 속에 고이 보관하는 것이며 일상생활에서 꺼내 쓰는 일은 잘 없는 듯하다.

가령 피부 탄력 유지에 효과가 있다고 하는 콜라겐에 관한 에피소드는 과학 지식이 생활에 밀착해 있지 않다는 점을 여실히 보여주는 사례다. 섭취한 콜라겐은 고기 등의 다른 단백질처럼 반드시 위나 장에서 아미노산이나 펩타이드라는 물질로 분해되어 흡수된다. 음식으로 단백질을 섭취하는 이유는 신체에 필요한 새로운 단백질을 합성하는 재료로서 아미노산이 필요하기 때문이다. 모든 단백질은 유전 정보에 따라 아미노산을 하나하나 연결함으로써 합성된다. 따라서 콜라겐을 먹는다고 섭취한 콜라겐이 그대로 피부나 뼈에 포함되는 콜라겐으로 바뀌는 일은 절대 없다. 우리의 피부나 뼈의 콜라겐은 섭취한 아미노산을 이용해 하나하나 몸속의 세포를 통해 만들어질 뿐이다.

이것은 중학교에서도 배우는 기초 생물학 지식이지만 일상생활에 피드백 되지 않는 듯하다. 교과서 지식을 이해하고 있지만 자신의 생활에 반영하지 못한다. 시중에는 '콜라겐 건강보조식품을 먹고 피부를 재생하자'는 광고가 넘쳐난다.

과학은 원래 일상생활의 '왜?'라는 질문에서 발달한 세계다. 그렇기에 과학 지식은 일상생활에서 확인되어 '아, 그렇구나'라는 생각이 들어야 한다. 그러나 실제로는 학교에서 배운 지식을 일상생활에서 떠올리지 못하고 서랍 속에 꼭꼭 넣어둔 채 잠들어 있는 일이 더 많다.

지금 시대는 지식을 얻는 장소가 학교뿐 아니라 인터넷인 경우도 많다. 단순히 단어의 의미뿐 아니라 복잡한 질문에 대해서도 몇 개의 키워드만 넣으면 바로 답을 얻을 수 있다. 검색의 정밀도는 비약적으로 향상되고 있다. 요즘 학생들은 인터넷에 접속해 알고 싶은 답을 곧장 얻는다. 서로 대화하는 중에 아무렇지도 않게 위키백과로 검색하는 학생도 자주 본다. 기본적으로는 그렇게 함으로써 지식을 아는 상태가 될 것이다. 하지만 그것을 과연 '진정으로 안다'고 말할 수 있을까.

나는 무언가를 알고 이해하는 데 들이는 시간과 길이가 중요하다고 생각한다. 알고 싶은 것이 있는데 곧장 답을 얻지 못하면 그 의문을 계속해서 머릿속 한구석에 남겨둘 것이다. 머리에서 그것이 떠나지 않는다. 알지 못하는 동안 '혹시 이런 건 아닐까, 저런 건 아닐까' 하고 상상력이 발동한다. 답이라고 생각해서 확인해보면 또 아니다. 그러면 다시금 '이런 건 아닐까, 저런 건 아닐까' 하고 상상한다. 이 질리지 않는 프로세스를 거쳐야만 상상력이 길러진다.

인터넷은 곧장 답을 얻을 수 있어 편리하지만 '어째서 그렇지? 이런 건 아닐까?'라고 생각하며 의문을 품은 채 스스로 나름대로 생각해보는 시간을 없애고 만다. 이래서는 상상력이 발동할 여지가 생기지 않는다. 이처럼 즉각적으로 답이 주어지는 시간 감각은 사람들에게 어떤 영향을 미칠까.

흥미란 알지 못하는 것에서 샘솟는 법이다. 처음부터 모두 안다면 그것은 지식의 대상은 되어도 흥미를 가질 대상은 되지 못한다. 알지 못하

> **알지 못함을 견디는 시간이야말로 지식에 대한 존경심을 기르는 시간이다.**
> **물음과 의문을 자기 스스로 얼마나 지속할 수 있는가가 중요하다.**

는 부분이 있기에 알고 싶다는 욕구가 샘솟는다. 알지 못하는 시간을 얼마나 견딜 수 있는가, 그 견디는 시간이야말로 지식에 대한 존경심의 태도를 기르는 시간이다. 물음과 의문을 자기 스스로 얼마나 지속할 수 있는가가 중요하다. 알지 못하는 시간을 견디는 습관, 나아가 그것을 즐기는 습관을 소중히 여겨야 한다. 젊은 과학자들은 지금부터 이 점을 마음에 꼭 담아 두었으면 한다.

비효율적인 시간이 흥미를 부풀린다

알고 싶은 것을 너무 빨리 알게 되면 알고 싶다고 생각하는 자체에 매력을 느끼지 못한다. 반면, 알고 싶다고 생각해 주변 사람에게 물어도 모두 모른다고 답하면 '어째서 그럴까'라고 계속 생각하게 된다. 그런데 이런 시간은 오히려 마음을 풍족하게 만들어 준다.

신문의 연재소설을 떠올려보자. 나는 지금 매일 세 종류의 신문을 읽는데, 거기에 연재되는 소설 또한 십여 년간 빼놓지 않고 읽고 있다. 꽤 재미있어서 멈출 수가 없다. 신기하게도 연재가 단행본으로 만들어져 책의 형태로 읽는 것과 신문 연재소설의 형태로 읽는 것은 완전히 다른 체험이다.

이것 역시 알고 싶다고 생각하며 기다리는 시간의 소중함과 관련이 있을 것이다. '다음에는 어떤 식으로 전개될까' 하고 기대를 품은 채 하루분의 스토리를 다 읽는다. 읽는 사람 쪽은 이래저래 전개를 생각하며 다음 날의 신문을 기다린다. 그리고 다음 날 '역시 그렇구나'라고 납득하거나 '어라, 이렇게 나온다 이거지?' 하고 의외로 생각하며 다시 다음 내용을 궁금해 한다. 무언가가 찾아오는 것을 즐겁게 기다리는 시간이란 좋은 법이다.

나의 소년 시절은 신기하다고 생각한 것이 있을 때 어떻게 해도 의문을 품는 시간이 길어지기 일쑤였다. 어른들은 곧바로 가르쳐주지 않았고, 찾아보려 해도 책이 많지 않은 데다 당연히 인터넷도 없었다. 모처럼 '어째서 그럴까?' 하고 의문을 품어도 곧장 답을 찾지 못한 채 그대로 남겨두거나 그러는 중에 잊어버리는 경우도 있었다. 그래도 계속 의문을 품은 채 어느 날 '그런 거였구나!' 하고 문득 깨닫게 되는 일도 있었다.

연구자가 된 후에도 그런 상태는 이어졌다. 요즘 학생들은 상상도 못 할 테지만 당시에는 대학 도서관에서도 해외 잡지를 모두 읽을 수 있는 것은 아니었다. 생명과학 분야만 해도 한 달에 수백 권의 잡지가 간행되며, 거기에는 다양한 논문이 게재된다. 과거에는 매주 도서관으로 보내지는 〈커런트 콘텐츠Current Contents〉라는 잡지를 참조해 필요한 논문을 주문하곤 했다. 〈커런트 콘텐츠〉는 논문의 제목, 저자명과 저자의 주소만 실려 있는 잡지로 논문 내용은 알 수 없었다. 내용은 제목을 보고 상상하는 수밖에 없었다. 재미있어 보이면 논문 저자에게 '별쇄 청구'라는 엽서를 보내 별쇄를 보내달라고 부탁하는 방식이었다. 당시 연구자들은 자신의 논문이 나오면 별쇄 청구가 얼마나 도착할까 기대하는 것이 큰 즐거움이었다. 그것은 논문의 주목도를 측정하는 기준이었다.

해외라고 해도 엽서는 일주일 정도면 논문 저자에게 도착했고 그에 대한 답으로 희망 논문을 배편으로 보내왔다. 한 달이나 두 달 걸려 논문을 입수할 수 있었다. 그 사이 논문에 어떤 내용이 적혀 있을까 상상하거나 예상하며 기다린다. 그리고 바다 건너 이윽고 나의 손에 들어온 논문을 읽는다.

개중에는 논문이 도착할 무렵이면 흥미를 잃어버리고 읽지 않는 논문도 있었다. 지금 보면 비효율적이라고 할 테지만 그 비효율적인 시간이 '알고 싶다'는 욕구를 키우고 흥미와 호기심을 자극하는 귀중한 역할을 했다고 생각한다.

'생각지도 못했다'가 사라진다

자기 연구와 관련된 논문을 〈커런트 콘텐츠〉의 제목에서 찾는 가운데, 제목을 순서대로 읽으면서 자신의 연구와는 직접 관계가 없지만 어쩐지 재미있어 보이는 논문을 만날 때가 있다. '개도 쏘다니면 몽둥이에 맞는다'는 속담과 비슷하다고 할까? 그렇기는 해도 쏘다니지 않으면 맞을 일도 없는 법이다.

지금은 효율이 극도로 높아져 원하는 논문을 곧장 손에 넣을 수 있다. 인터넷에서 키워드를 검색하면 곧장 검색 결과가 나오고 바로 다운로드도 가능하다. 편리하긴 하지만 키워드와 관련 없는 정보는 거의 손에 들어오지 않는 시스템이기도 하다.

이것은 우리가 평소 읽는 책의 경우도 마찬가지다. 가령 인터넷서점 아마존은 편리성 때문에 나도 종종 이용하지만 나의 아들은 아마존이 서점을 망가뜨린다고 말하며 아마존을 이용하지 않고 반드시 직접 서점에 가서 책을 산다. 서점에 가서 표지를 보다 보면 생각지도 못한 책이 있다는 사실을 깨닫고 예정하지 않았던 책을 사기도 하지만 인터넷 서점에서는 그런 일이 거의 일어나지 않는다.

고레에다 히로카즈 씨는 지금은 예전보다 널리 알려진 영화감독이지만 전에 나의 에세이집 『이제 곧 하지夏至다』를 서점에서 발견하고 책의 디자인과 제목에 끌려 구매했다고 한다. 그때까지 나에 대해 전혀 몰랐지만 표지만 보고 구매한 것이다. 그런데 사서 읽어보니 재밌었다는 이유로 신문과 텔레비전에서 소개해주었고 그것을 계기로 그와 교류하기 시작했다.

딱히 필요하지 않은 정보를 접함으로써 생각지도 못한 기회가 생기기도 한다. 그런데 요즘은 이런 기회가 과학자의 세계는 물론 일반 사회에서도 사라지고 있다. 세상만사를 체계화하여 불필요한 것을 배제하고 극도의 효율화를 진행하는 것이 현대 사회다. 그런 지금이기에 오히려 목적하는 곳을 향해 일직선으로 가기보다 주변을 둘러보거나 샛길로 빠짐으로써 생각지도 못한 만남에도 시선을 향했으면 좋겠다.

> **극도의 효율화를 진행하는 현대 사회에서 오히려 주변을 둘러보거나 샛길로 빠짐으로써 생각지도 못한 만남에도 시선을 향했으면 좋겠다.**

특히 AI의 발달로 인터넷 검색 사이트에는 우리가 관심 있어 할 만한 정보와 뉴스, 신간서적 소개 등을 과거의 검색 이력으로 추측해 점점 더 많이 보여준다. 그중에는 내가 흥미를 가진 정보가 많아 나도 모르게 빠져들지만 요즘에는 내가 과거에 출간한 저서 소개문의 광고까지 보여주기에 처음에는 쓴웃음을 지었다. 그러다가 이것은 실로 무서운 일이 아닌가 하는 생각에 이르게 됐다.

우리 스스로 찾고 싶은 정보가 실은 조작되었을 가능성이 있다는 점이 그중 하나다. 물론 지금은 과거의 검색 이력을 바탕으로 정보가 제공되는 것이 분명하지만 나에게 맞는 정보라고 해서 그것만을 중시한다면 어느 샌가 정보 제공자가 조작하는 정보에 빠지기 쉽다. 그러면 우리의 흥미 자체가 조작되고 마는 공상과학소설 같은 일이 벌어지지 말라는 법도 없다. 스스로 그것을 깨닫지 못한다는 점이 가장 무섭다. 어떤 면에서는 이른바 '언론 통제'라는 과거의 공포와 비슷한 세계인지 모른다.

그 정도로 악질은 아니어도 또 하나 주의할 점이 있다. 자신의 흥미를 미루어 헤아려 우선적으로 보내오는 정보만을 접한다면 자기 세계가 점점 닫혀버릴 위험성이 있다는 점이다. 하나의 세계를 잘 아는 것도 중요하지만 그 하나의 세계에 갇혀버릴 위험에도 주의를 기울여야 한다.

우리처럼 과학에 종사하는 사람들 중에는 자신의 연구 대상 외에 흥미를 갖는 연구자도 많다. 누구이건 자신의 연구 대상이 가장 재미있다고 생각해 연구를 계속하지만 제아무리 우수한 연구자도 반드시 앞이 막히는 일을 경험하게 마련이다. 앞이 막혔을 때 어떻게든 상황을 타개해 막다른 골목에서 벗어나려면 다각적으로 세상을 바라보는 관점을 지속적으로 유지하는 방법밖에는 없다.

뒤처짐 증후군

정보 제공자의 시스템이 점점 진화하고 테크놀로지가 발달해 필요한 정보를 곧장 손에 넣고 정보가 상대방으로부터 먼저 찾아온다. 이것은 고마운 일이다. 무엇보다 필요한 정보에 닿기까지 시간이 비약적으로 줄고 연구는 물론 일상생활의 모든 것이 효율화되고 있음을 실감한다.

그런데 현재의 정보사회를 사는 우리는 어딘가에서 뒤처지는 것에 대한 공포를 키우고 있는 것은 아닐까. 나는 이것을 '뒤처짐 증후군'이라고 부른다. 누구나 빠르게 정보를 얻을 수 있는 상황에서는 나 혼자 모른다는 뒤처지는 느낌이 더 크게 부각되는 것이다.

예를 들어 책이 판매되는 현상을 생각해보면 요즘의 베스트셀러가 나오는 방식은 조금 이상하다 싶을 때가 많다. 내가 처음 그렇게 생각한 것은 에이 로쿠스케가 쓴 이와나미 신서 『대왕생』이 200만 부 넘는 베스트셀러가 됐을 때였다. 혹은 그보다 조금 앞서 다와라 마치의 시집 『샐러드 기념일』 때였을지 모른다. 몇 만 부가 팔리는 일은 드물지 않았지만 200만 부는 지금도 비현실적인 숫자로 다가온다. 과연 200만 명의 독자가 자발적으로 읽고 싶어 책을 샀을까? 그렇다기보다 아마 '몇 만 부가 팔리고 있다, 수십 쇄를 찍었다'는 광고 문구를 보고 집중적인 구매가 이뤄졌을 것이다.

요즘에는 특히 출간된 지 얼마 되지 않은 책에 '출간 직후 증쇄!' 같은 흥미를 자극하는 광고 문구가 사용되곤 한다. 광고로서는 당연한 전략이지만 그것을 받아들이는 독자들의 심리를 우려하지 않을 수 없다.

몇 만 부 팔렸다는 정보가 처음 광고에 나오면 '유행에 뒤처지면 안 돼'라는 공포심으로 '곧장 사야 해'라는 방향으로 의식이 단축된다. 책 자체와 저자 개인에 대한 관심보다는 잘 팔린다는 정보를 그대로 받아들여 '나만 뒤처지고 싶지 않다'는 마음에서 화제의 책에 꽂힌다. 그야말로 선전과 광고가 본래의 역할을 다한 것이지만 무서운 점은 '읽고 만족을 얻는다'보다 '뒤처지면 큰일'이라는 의식 자체에 있다. '어쨌거나 나도 읽었어'라는 마음이 충족감의 전부가 되어버린 것은 아닐까.

'이 책 재밌어'라고 스스로 생각하였는지 독자 스스로 자문자답하는 것이 중요하다. 스스로 '흥미 있어', '재미있어'라고 생각하더라도 실은 주변에서 주입받은 생각일 수 있기 때문이다. 개인의 사고와 행동 방식은 좋든 싫든 무의식중에 사회의 영향을 받게 마련이다.

요즘 학생들은 '모두들 화제로 삼으니까 나도 알아야 해. 모르면 나 혼자 뒤처져'라며 뒤에 남겨지는 것을 무척 두려워하는 듯하다. 일종의 동조 압력인데, 압력을 느끼기도 전에 스스로 앞장서 화제로 달려든다는 것이 현실에 더 가까운 설명인지 모른다.

나는 키키 키린이라는 배우를 좋아했다. 특히 고레에다 히로카즈 감독의 〈걸어도 걸어도〉를 비롯한 일련의 가족 테마 영화에서 키키 키린의 존재감은 매우 특별했다. 2018년 그녀가 세상을 뜬 후 곧장 출판된 『모든 것은 흘러가는 대로』라는 책은 곧바로 읽어보고 싶다고 생각했다. 하지만 출간된 지 3개월 만에 100만 부를 돌파했다는 광고가 각종 매체에 실렸고, 조금 옹고집인 나는 '그렇다면 딱히 지금 읽을 필요가 없지'라는 마음이 들었다. 나는 도무지 유행에 편승하는 것을 싫어한다. 언젠가 읽고자 마음먹고 있지만 그건 아마도 모두가 그 책을 잊어버린 무렵이지 않을까.

주어지는 지식에서
원하는 지식으로

가만히 있어도 건너편에서 찾아오는 정보와 지식에 어떤 식으로 대응해야 하는지 지금까지 말했다. 접속하면 할수록 정보는 늘어난다. 막대한 정보 가운데 나는 무엇을 알고 싶은지 기준이 명확하지 않으면 정보의 바다에 빠져 헤어 나오기 어렵다. 이 점에서 정보를 선별하는 안목이 반드시 필요하다.

건너편에서 찾아오는 지식과 최초로 만나는 장소는 분명 학교 교육이다. 초등학교에 입학했을 때부터 지식은 수업이라는 형태로 일방적으로 가르침 받는 것으로 우리에게 밀려온다. 좋아하는지 아닌지는 상관없다. 건너편에서 찾아오는 지식을 어떻게든 처리하지 않으면 성적이 영향을 받고 졸업도 하지 못하게 된다. 그 단계에서 지식은 언제나 주어지는 것으로 자리매김했다는 점이 지금까지 학교 교육의 장이었다. 2012년에 중앙교육심의회의 정책지에 '액티브 러닝(능동적 학습)'이라는 단어가 등장했다. 거기에는 다음과 같이 기술되어 있다.

> 종래의 지식 전달과 지식 주입 위주의 수업에서 교원과 학생이 의사소통을 도모하며 함께 절차탁마해 서로 자극을 주고받으며 지적으로 성장하는 자리를 마련하여 학생이 주체적으로 문제를 발견하고 답을 찾아가는 능동적 학습(액티브 러닝)으로의 전환이 필요하다.

지식 전달과 주입 위주의 수업에서 학생이 주체적으로 문제를 발견하고 답을 찾아가는 능동적 학습으로의 전환을 설득하는 내용이다. 원래는 대학교육에서 그것의 필요성을 강하게 의식한 듯 보이지만 현재는 많은 고등학교와 중학교에서도 반영하고 있다고 한다. 학습자(학생)가 바라는가 여부와 상관없이 필요한 것을 계속해서 가르친다는 지식의 일방적 흐름(밀어붙임)에 대한 반성에서 나온 움직임이다. 실제로 어떤 식으로 운영되는가 하는 방법론을 논외로 한다면 이것 자체는 환영할 만한 움직임이다.

알고 싶다는 생각이 들기도 전에 교육의 양만 늘리면 아는 것 자체가 부담으로 다가온다. 원래 알지 못하던 것을 알게 되면 지적 호기심이 자극되어 즐거운 법이다. 하지만 주입받은 지식을 자기 안에 차곡차곡 쌓아 시험 때 제대로 발휘해야 한다는 압박에 얽매여서는 지식에 대한 흥미 자체가 사라지고 만다. 그러면 지식에 대한 존경심이 줄어드는 것도 당연한 일이다.

지식이란 선인이 부지런히 쌓아올린 것이다. 그 소중한 것을 우리가 간단히 오른쪽에서 왼쪽으로 물건 옮기듯 받아서는 좋을 리가 없다. 그럼에도 지식이 너무 쉽게 주어지고 있다. 인터넷의 보급으로 지식은 어디든 넘쳐난다는 인식이 퍼진다면 무서운 일이다.

주어지는 지식에서 원하는 지식으로 전환이 필요하다. 물론 초등학교와 중학교까지는 기초적인 지식을 전하는 일도 중요하다. 하지만 적어도 대학교에서는 원하는 지식으로 철저히 전환되어야 한다. 원하는 지식이란 스스로 알고 싶다고 바라며 물음을 던지는 것 말고는 없다. 나는 대학에서는 '학습'이 아니라 '학문'을 하길 바란다고 말해왔다. 학문學問이란 문자 그대로, 배우고學 묻는問 것이다. 즉 물음이 중요하다.

묻는 행위를 몸에 익히면 어떻게 될까. 알고 싶은 것을 스스로 알고자 하므로 다양한 문헌을 뒤져보고 선배들의 이야기에 귀를 쫑긋 세운다. 인터넷 검색도 그 수단 가운데 하나일 뿐이다. 다양한 정보를 접함으로써 신뢰할 만한 정보와 의심쩍은 정보를 선별하는 힘이 생긴다. 이것은 하룻밤에 가능한 일이 아니며 정해진 목표가 있는 것도 아니다. 대전제는 '왜 그럴까?' 하고 묻는 힘이다.

**원하는 지식을 얻기 위해서는
스스로 알고 싶다고 바라며 물음을
던져야 한다.
학문學問이란 문자 그대로, 배우고學
묻는問 것이다. 물음이 중요하다.**

지식에 대한 존경심

한편 책을 읽는 것과 인터넷의 정보를 접하는 것은 크게 다른 점이 있다. 바로 정보를 대하는 자세다. 인터넷의 정보를 마주할 때는 대상을 존경한다는 마음이 좀체 들지 않는다. 감탄하는 일도 드물다.

가령 인터넷 무료 백과사전인 위키백과(위키피디아)는 분명 정보로서 제대로 정비되어 있고, 나도 자주 사용하는 정보원이다. 다만 위키백과를 정보로서 읽으면서 그것을 존경하는 마음은 들지 않는다. 정보의 집적集積인 위키백과는 그 안에서 내가 필요한 것을 골라낸다는 의식은 있어도, 그 지식을 가져다준 사람을 의식하고 그가 전한 지식에 감사와 존경의 마음을 품는 일은 거의 없다. 그러나 지식은 사람과 이어져 있다. '이것은 A 씨가 말한 거야', '이것은 B 씨가 생각한 거야'처럼 저자와 지식을 한 묶음으로 받아들일 때 저자에 대한 존경심이 일어난다.

하지만 인터넷에서는 정보를 공짜로 손에 넣는다. 무척 고마운 일이지만 정보를 만든 저자를 의식하는 일은 드물다. 이런 사정으로 지식에 대한 사회 전체의 존경심이 줄어든다. 특히 인문계 지식에 대한 존경심 저하는 심각한 문제다.

인터넷이 보급된 후, 책을 사거나 신문을 읽을 필요가 없다는 사람들이 많다. 출판 불황은 이미 20년 이상 이어지고 있다. 여기에는 정보를 공짜로 손에 넣을 수 있기에 굳이 책을 사지 않는 면도 있지만, 지식에

> **지식은 사람과 이어져 있다.
> 지식을 사람과 한 묶음으로
> 받아들일 때 저자에 대한
> 존경심이 일어난다.**

대한 존경심 저하도 크게 작용한다고 본다.

요즘 아이들은 책을 읽기도 전에 스마트폰을 먼저 접한다. 그런 아이들이 처음부터 인터넷을 정보와 지식의 제공원으로 생각하는 것이 우려스럽다. '스스로 생각한다'는 대가를 지불하지 않은 채 정보를 접하면 지식에 대한 왕성한 흥미도, 존경심도 생기지 않는다.

앞서 말했지만 최근에는 인문 지식에 대한 존경심이 저하되는 것을 절감한다. 인문 지식도 이과 지식과 마찬가지로 소중하다는 사실은 두말할 필요가 없다. 이때 중요한 것은 자신에게 없는 지식을 어디에서 손에 넣을 것인가, 나아가 이과 지식이든 인문계 지식이든 지식을 접함으로써 자신이 얼마나 변할 수 있는가 하는 점이다. 알게 됨으로써 보이는 것이 있고 깨닫게 되는 것이 있다. 그것은 우리에게 무언가 변화를 불러일으킨다. 사람에게, 특히 젊은이에게 중요한 것은 자신과 다른 것을 접하는 기회에 벽을 세우지 않는 것이다.

이전에 출간한 『지知의 체력』에서도 말했지만(한국어 번역본 『단단한 지식』) 책을 읽는 가장 큰 의의는 책에 적힌 정보를 얻는 데 있지 않다. 우리는 책을 읽고 새로운 것을 알게 되는데 책에서 알게 된 '내용'이 아니라 지금까지 그것을 몰랐다는 '발견'의 소중함에 책을 읽는 의의가 있다. 독서와 학문의 의의는 자신이 그때까지 어떤 것을 알지 못하는 존재였다는 사실을 비로소 깨닫는 자체에 있다(『지의 체력』). '모르는 존재'로서의 자신을 깨닫지 못하면 세계는 자기중심적으로 돌아간다. 기존에 알던 것과 다른 것을 알게 됨으로써 자기의 위치를 다시 설정한다. 이것 외에 자기를 상대화하는 방법은 없다. 이 작업을 거쳐야만 '모르는 존재'로서의 자신을 알게 되며 그래야만 지식에 대한 존경심도 생겨난다.

> **기존에 알던 것과 다른 것을 알게 됨으로써 자기의 위치를 다시 설정한다. 그래야만 '모르는 존재'로서의 자신을 알게 되며 지식에 대한 존경심도 생겨난다.**

지식에 대한 존경심이 사라진 탓인지 연구자의 시야도 근시안적으로 되었다고 느낄 때가 많다. 자기 전공에 대해서는 빠짐없이 지식을 갖추었지만 전공 외의 것에는 흥미를 보이지 않는다. 인문에 관한 이야기나 사회의 화제를 꺼내면 대화가 이루어지지 않는 이공계 연구자가 많다.

한편, 인문계 연구자에게도 과학 전반에 대한 열등의식이 있어 이공계 지식이 사회에서 우위로 취급받는 현상에 적극 반박하지 못하는 면이 있다. 이런 현상의 근저에는 '인문계 지식은 도움이 되지 않는다'는 고정관념이 자리 잡고 있는 것은 아닐까. 여기서 '도움이 된다'는 것은 어떤 의미일까. 무언가 편리해지는 기술, 수백 억 원의 돈벌이를 만들어내는 씨앗을 말하는 것일까. 그러나 식물 하나, 별자리 하나의 이름을 아는 것만으로 세상은 더욱 풍요로워진다. 노래를 한 곡 부를 줄 알면 삶의 다채로움은 더 늘어난다. 세상을 보는 방식이 달라지고 하루하루의 생활에 윤기가 돈다. 일상의 풍요로움과 세상을 바라보는 여유야말로 한정된 삶을 살아가는 우리에게 당장 도움이 되는 것들보다 더 소중한 가치가 아닐까.

'지식'이라고 하면 흔히 이공계 지식이라는 생각을 먼저 한다. 또 도움이 되는 연구를 해야 한다는 생각도 있다. 우리는 이런 것에 경종을 울려야 한다. 프린스턴고등연구소의 초대 소장인 에이브러햄 플렉스너와 현 소장인 로버트 데이크흐라프가 학문과 연구의 의의에 관해 함께 쓴 책 제목이 『쓸모없는 지식의 쓸모』이다. 현재는 세계의 지식 거점인 프린스턴고등연구소이지만 불모지에서 연구소를 일궈낸 플렉스너는 이렇게 말한다. "과학의 전체 역사에서 인류에게 궁극적으로 유익하다고 판명된 위대한 발견들은 모두 유용성이 아닌 호기심을 충족하려는 욕망에서 비롯되었다." 이것이야말로 프린스턴고등연구소의 기본 이념이 되었다.[01]

플렉스너는 이어 말한다. "100~200년 동안 전문학교에서 각자의 분야에 기여한 지식은 이후에 거짓으로 밝혀질 것이다. 실용적인 기술자와 변호사, 의사가 될 사람들의 훈련 과정에서 유용한 지식을 발견하는 경우도 그다지 많지 않을 것이다. 그보다는 엄밀하게 실용적 목적을 추구하는 데 있어 쓸모없어 보이는 많은 활동이 계속될 것이다. 이런 '쓸모없는 활동'을 통해 전문학교의 설립 목적인 유용성을 성취하는 것보다 인류의 마음과 정신에 더욱 중요한 발견이 이루어질 것이다."

---

[01] 프린스턴고등연구소(The Institute for Advanced Study, IAS)는 1930년에 미국 뉴저지주 프린스턴에 설립된 순수학문연구소이자 대학원대학으로 초대 소장에 취임한 에이브러햄 플렉스너(1866~1959)는 이 연구소를 세계 최고의 연구기관으로 발전시켰다. 이 연구소에는 학위 코스나 실험실이 없는 것이 특징이며, 학자들은 연구비를 얻기 위해 어떠한 일을 하지 않아도 되며 연구 분야는 오로지 학자 본인의 자율에 맡긴다. 지난 100여 년간 아인슈타인을 비롯한 이곳 출신의 연구진들은 수학과 물리학을 필두로 다양한 학문분야에 큰 업적을 남겼으며, 전 세계의 학문 발전 방향을 선도하고 기초과학을 비약적으로 발달시켰다. (자료: 나무위키)

결과가 아니라
과정에 기쁨이

앞서, 구하던 논문을 배편으로 받아본 이야기를 했다. 배편으로 한 달을 기다려 읽든 순식간에 검색해 다운로드해서 읽든, 찾던 것을 읽는다는 점에서는 같다. 하지만 논문을 읽는 독자가 그것을 받아들이는 방식이나 마음가짐은 크게 다르다.

배편으로 논문을 받던 시대에는 나 역시 정보를 놓치는 경우가 많았다. 〈커런트 콘텐츠〉가 전 세계의 논문 정보를 모두 망라하지 못할 뿐더러 내가 빠뜨린 것도 있었을 테다. 그렇게 정보를 놓친 결과, 모처럼 열심히 행한 실험이 알고 보니 외국에서 이미 진행한 실험이었던 경우도 있었다. 뭐라 할 수 없을 만큼 허탈감이 밀려드는 경험이었다.

하지만 지금 생각하면 그런 허탈감과 쓸모없음을 모두 포함한 것이 과학이다. 효율화만 추구하는 것이 항상 최선은 아니다. 쓸모없는 것을

효율화만 추구하는 것이 항상 최선은 아니다. 허탈감과 쓸모없음을 모두 포함한 것이 과학이다.

없애고 정보를 가능한 한 망라해 나가는 자세도 분명 필요하지만 과다한 정보 때문에 하고 싶은 연구의 규모가 점점 좁아지는 데는 위기감을 느끼지 않을 수 없다.

'이건 이미 알고 있어, 이것도 누군가 연구하고 있어' 하고 틈새를 찾으려는 태도로만 연구 주제를 택한다면 과학의 기쁨과 묘미에서 가장 멀어지는 선택이 되고 만다. '이것도 아니야, 저것도 아니야'라고 생각하는 시행착오를 최대한 반복하는 과정에 비로소 과학의 기쁨이 있다. 이 과정이 빠진 결과는 제아무리 좋은 성과를 얻더라도 스스로 이룩한 것이라는 성취감과는 멀어지고 만다.

데라다 도라히코는 메이지 시대의 사람이지만 당시 제일의 물리학자이자 일류 문필가로 유명했다. 나쓰메 소세키의 『나는 고양이로소이다』에 등장하는 '간게쓰' 군의 모델이기도 한 그는 문필에 뛰어나며 여러 수필집을 남겼다. 그의 에세이 중 「과학자와 머리」라는 작품이 있다.

"과학자가 되려면 머리가 좋아야 한다. 하지만 어느 의미에서 과학자는 머리가 좋아서는 안 된다는 명제도 사실이다"라는 자극적인 첫 문단으로 시작해 왜 그렇게 말하는지 몇 가지 예를 들어 고찰한다. 전부 재미있지만 몇 가지만 꼽아본다.

> 머리가 좋은 사람은 이른바 발 빠른 여행꾼과 비슷하다. 사람들이 아직 가지 않은 곳을 다른 사람보다 먼저 찾아갈 수 있는 반면에 여행 도중 길가나 샛길에 있는 중요한 것을 놓칠 수도 있

다. 머리가 나쁘고 다리가 느린 사람이 항상 뒤늦게 와서는 우연히 중요한 보물을 주워 가는 경우가 있다.

머리가 좋은 사람은 예상을 잘하는 만큼 여러 가지 과정에서 벌어지는 난관을 내다본다. 적어도 나는 그렇게 생각한다. 그렇기에 자칫하면 앞으로 나아갈 용기를 잃기 쉽다. 반면, 머리가 나쁜 사람은 앞날을 내다볼 수 없기에 오히려 낙관적이다. 그는 난관을 만나도 예상외로 어떻게든 헤쳐 나간다.

머리가 나쁜 사람은 머리가 좋은 사람이 처음부터 안 된다고 정해 놓은 시도를 열심히 계속한다. 그것이 안 된다고 겨우 알았을 무렵에는 다시 다른 것의 실마리를 꺼내온다. 그런데 그 실마리는 처음부터 안 될 거라 생각하고 시도하지 않았던 사람은 결코 손에 넣을 수 없는 실마리일 수도 있다.

더 재미있는 내용도 있지만 이 정도로 정리할까 싶다. 데라다 도라히코가 말한 것처럼 연구자들 중에는 최근의 연구 상황을 제대로 조사하고 연구되지 않은 틈새를 발견해 단기간에 능숙하게 논문으로 정리하는 사람도 있다. 하지만 그런 주제는 논문으로는 완성되지만 좀처럼 다음으로 발전되지 않는다. 최종적으로 세계 각국의 연구자가 참조하고 싶어 하는 연구는 되기 어렵다. 틈새를 채워 한 편의 논문을 써내는 능력과 오리지널리티(독창성)를 발휘하는 능력은 다르다.

그렇지만 어쩔 수 없는 면도 있다. 그 배경에는 틈새를 찾아 논문을 양산할 수밖에 없는 현실적인 사정이 있다. 연구자의 세계도 결과를 내지 못하면 살아남을 수 없다. 대학원을 수료한 포스트닥터라고 불리는 젊은 연구자들은 직업을 찾기 어려운 상황에 놓여 있다.

지금은 대학에서 조교가 되어도 기간제 채용이며, 가령 5년간 성과를 내지 못하면 다음에 있을 곳을 찾지 못하는 경우도 많다. 성과는 '논문 몇 편을 잡지에 실었다, 몇 번 인용됐다, 책을 펴냈다' 등으로 환산하기가 용이하다. 이처럼 단기간에 성과를 내야 하는 사정 때문에 커다란 발견으로 이어지는 연구가 줄어드는 것은 어쩌면 당연한 귀결인지 모른다.

내가 보지 못하는 것을 제시하는 사람과의 만남

서장에서도 말했지만 나는 과학의 가장 큰 기쁨은 토론이라고 생각한다. 특히 교수가 되어 스스로 시험관을 들고 실험할 수 없게 된 나 같은 사람에게 대학생이나 대학원생과 토론하는 시간은 내가 과학에 관여하고 있다고 실감하는 유일한 시간이다.

토론이란 무엇일까. 토론이 성립한다는 것은 나와 당신의 생각이 다

> 토론은 나와 당신의 생각이
> 다르다는 점을 전제로 한다.
> 당신과 내가 같은 생각이라면
> 애당초 토론할 필요가 없다.

르다는 점을 전제로 한다. 당신과 내가 같은 생각이라면 애당초 토론할 필요가 없다. 혹은 토론이란 토론하는 와중에 내가 상대방과 다르게 생각하고 있음을 자각하는 프로세스라고 해도 좋다.

그런데 지금 많은 젊은이들이 다른 사람과 생각이 다르다는 사실을 인정하기를 두려워하는 것 같다. 친구와 의견이 같으면 안심이 되지만 자기 혼자 대다수 친구와 다르게 생각하는 것은 매우 불편해하는 것 같다. 그 결과, 친구 사이의 대화가 자연스레 상대방과 소외감을 느끼지 않는 화제로 제한되고 만다.

재미있다고 생각되어도 말하지 못하는 사회 분위기에는 '상대방이 흥미를 갖지 않는 것은 화제로 삼아서는 안 된다'는 자기 규제가 작동하고 있지 않을까. 요즘 학생들에게 토론하는 분위기가 사라진 이유도 그들이 세상에 대해 생각하지 않기 때문이 아니라 '상대방과 다른 사고방식을 드러내고 상대방을 윽박지르며 토론하는 것은 꼴사나운 일이다'라는 자기 규제가 작동하기 때문은 아닐까. 자신의 흥미가 아니라 상대방의 흥미를 중시하고 존중해야 한다는 일종의 동조압력이다.

그러나 본래의 친구 관계란 이런 자기 규제와 동조압력에서 자유로울 수 있는 관계다. 친구의 이야기를 듣지 말라는 말이 아니다. 불필요한 배려 없이 내가 재미있다고 생각하는 것을 터놓고 말할 수 있는 상대가 진짜 친구다. 내게 없는 견해와 사고방식을 가진 친구야말로 정말 소중한 친구가 아닐까. 친구란 내가 보지 못하는 것, 나의 패러다임에 없는 견해와 사고방식을 제시해주는 사람이다.

본래 무언가를 알거나 읽는 까닭도 내게 없는 것을 구하기 위해서다. 내가 다른 사람의 시와 문장을 재미있다고 느끼는 때는 '나는 지금껏 이렇게 생각해본 적이 없었어. 같은 것을 보고 이렇게 느낄 수도 있구나' 하고 생각하는 때다.

감성의 방정식은 사람마다 다르다. 자신과 다른 감성의 방정식을 접함으로써 굳어버린 감성에 조금이나마 흔들림을 줄 수 있다. 나와 견해와 정서가 다른 사람이 존재한다고 생각하는 것만으로 나의 작은 세계

**친구란 내가 보지 못하는 것을
제시해주는 사람이다.
내게 없는 견해와 사고방식을 가진
친구가 정말로 소중한 친구다.**

가 조금은 넓어지는 기분이 든다.

멋진 '이상한 녀석'들

우리는 좋은 친구를 사귀라는 말을 부모와 선생님으로부터 지겹도록 들으며 자랐다. 이때 '좋은 친구'란 어떤 의미일까. 나의 가치를 높여주고 연줄을 만들어주는 등 도움이 되거나 되지 않는다는 관점에서 판단한 좋은 친구가 아닐까. 나는 그보다 '이상한 녀석'을 친구로 두는 편이 훨씬 재미있다고 생각한다. '이상한 녀석'이란 자신에게는 없는 것을 가진 녀석이라는 의미이기도 하다.

> 이상한 사람이 나는 좋아.
> 이 사람의 교수실에는 오리가 오백
> – 나가타 가즈히로 『모월 모일』

이런 시를 지은 적이 있다. 이 시의 '이상한 사람'이란 오스미 요시노리 씨의 연구실에서 조교수로 함께 오토파지를 연구한, 현재 오사카대학 교수로 있는 요시모리 다모쓰 씨. 나는 그를 대학원생 시절부터 알고 지냈는데 그야말로 '이상한 사람'이다. 물론 내가 말하는 '이상한 사람'이란 칭찬이다.

요시모리 씨는 자기 얼굴이 오리와 닮았다는 이유로 자신의 실험기구와 노트에 오리 마크를 그린다. 나아가 오리 굿즈를 사기도 한다. 대개는 욕조에 띄울 만한 작은 고무 오리다. 그것이 친구들에게도 알려져 무슨 일이 있을 때마다 일본뿐 아니라 해외 친구들로부터 오리 선물을 받는다고 한다. 나도 스위스의 어느 호텔 욕조에 떠 있던 작은 오리를 그에게 선물한 적이 있다. 그 덕분에 '이 사람의 교수실에는 오리가 오백'이라고 시를 지었다.

요시모리 씨는 달리기를 좋아해 지금은 특히 트레일러닝(비포장도로, 산길, 초원 등을 달리는 형태의 러닝)에 빠져 있다. 오사카대학에서 '달리는 교수회'라는 동호회까지 만들어 그곳 동료와 한 달에 몇 번씩 달리기를 하는 듯하다. 더욱이 재미있는 것은 '달리는 교수회' 멤버들이 기획해 동호회 특제 일본 술을 만들었다는 점이다. 시코쿠의 양조장에 의뢰해 준마이긴조, 준마이야마하이, 준마이다이긴조 등 세 종류의 술을 만들었다. 나는 그런 기획을 실행한 행동력에 오옷 하고 놀랐지만 그 술의 이름을 듣고는 웃음이 멈추지 않았다. 그 이름은 놀랍게도 아히루 정종!(아히루는 일본어로 오리를 뜻한다)

게다가 세 종류의 라벨도 자신들이 디자인했는데 놀랍게도 각각의 라벨에 내가 지은 시를 인쇄한 것을 보고 크게 웃었다. 그 인세로 각각의 술을 두 병씩 받았다. 그런데 그 술이 무척이나 맛있기도 했고 이런 진지한 장난에 크게 공감했기에 나도 모르게 10만 엔어치나 사고 말았다. 이것도 바보 같지만 지금도 아직 밤마다 마시고 있다.

아히루 정종 3종   사카대학 '달리는 교수회'의 요시모리 씨

이런 장난스러운 기획을 몇 명이나 되는 어른이, 더욱이 과학자가 진심으로 한다는 사실. 바보 같지만 멋지지 않은가. 이런 여유가 지금의 과학 현장에서 사라지고 있는 것이 안타깝다.

과학의 세계도 기본적으로 인간관계가 중요하다. 과학에 관여함으로써 이렇게 재미있는 사람을 만났다는 실감이 지금까지 연구자로 지내온 나의 커다란 기쁨 중 하나다. 세계적으로 저명한 연구자도 나와 다르지 않다고 생각되는 순간이 있으며, 내게 없는 세계를 이 사람은 가지고 있다고 깨닫기도 한다. 국내뿐 아니라 해외의 오래 사귄 친구를 1년에 몇 차례 국제 학회에서 만나는 일은 나에게 커다란 자극으로 다가온다.

과학의 세계도 기본적으로
인간관계가 중요하다. 과학에
관여해 이렇게 재미있는 사람을
만났다는 실감이 지금까지 연구자로
지내온 나의 커다란 기쁨이다.

4장

안전 지향의
틀을 깨다

오스미 요시노리

좋아하는 일을
할 수 있어서 좋다?

세상 사람들은 과학 연구자라고 하면 하루 종일 연구실에 틀어박혀 실험과 이론에 몰입하는 스토아철학자의 이미지를 떠올리는 듯하다. 이것은 분명 연구자의 일면을 보여주기는 하지만 지금 시대에 이렇게 속세에서 벗어난 생활을 하는 사람은 가령 본인이 바란다 해도 거의 존재하지 않는다.

근대 이전의 과학은 귀족이나 귀족이 후원하는 사람, 성직자들이 담당했다. 생산 활동에 직접 관여하지 않았던 과학자라는 직업은 경제적으로 여유가 있는 계층에서 시작되었다. 유럽은 대학의 역사가 매우 오래되었지만 과학자가 직업으로 인정받기 시작한 것은 16세기 무렵부터이다. 일본의 경우 이보다 훨씬 이후 메이지시대(1867~1912년)가 절반은 지났을 무렵이었다. 근대 국가가 되기 위해 과학기술이 필요하다고 생각했고, 국가의 부국강병에도 과학이 중요하다는 인식이 자라났다. 그 후 일본의 자연과학은 주로 국가 주도로 국립대학을 중심으로 이루어져 왔다. 현재도 세계 많은 국가에서 과학은 국가 주도로 이루어지고 있다.

과학도 인간의 활동 중 하나이므로 당연히 과학자의 존재 방식도 정치, 경제, 사회 상황에 따라 바뀐다. 과거에는 '커서 과학자가 될까, 대통령이 될까'라는 말처럼 과학자는 뜻이 높고 사람들이 동경하는 존재였다. 그러나 현대에는 과학에 관여하는 사람의 수가 비약적으로 증가했고 과학에 관여하는 방식도 무척이나 다양해졌다.

메이지시대에 태어난 우리 아버지 시대에 대학교수는 세상사에 둔감해도 살아갈 수 있는 직업이었다. 내가 조교를 하던 시절, 해외 학회에서 "자네는 ○○ 교수와 같은 교실에 있나?"라는 말을 들을 정도로 높은 평가를 받는 교수님이 있었다. 그런데 그 교수님은 오후 5시가 되면 연구실에서 술을 마시기 시작했다. 우리가 연구비 신청에 필요한 서류를 열심히 복사하고 있으면 "아아, 오늘이 마감일이었나? 나는 올해도 글렀네"라고 말씀하시던 장면이 떠오른다. 이런 신선 같은 교수도 대학에 필요하다고 생각한다.

연구자는 무엇이 재미있을까

과학의 매력은 무엇일까. 그중 하나는 세상 누구도 알지 못하는 세계를 혼자 바라보며 이해하고 있다는 기쁨이 아

> **과학 연구에 '실패'란
> 존재하지 않는다.
> 풀리지 않는 원인을 생각한 뒤 다음
> 실험을 생각할 뿐이다.**

닐까. 하지만 연구에는 이렇게 흥분을 느끼는 순간들만 찾아오는 것은 아니다. 오히려 실험을 하다 보면 생각대로 풀리지 않는 일이 더 많으며 실패할 때가 훨씬 많다. 그렇지만 순서를 틀리거나 계산을 잘못하는 등의 사소한 실수를 제외하면 연구에는 어떤 의미에서 '실패'란 존재하지 않는다고 할 수 있다. 제대로 풀리지 않는 원인을 생각한 뒤 다음 실험을 생각할 뿐이다. 예상했던 결과만을 바라는 것이 아니라 얻은 결과에 대해 다양하게 생각을 펼칠 수 있어야 한다. 바로 이 점이 연구자에게 필요한 자질이다. 작은 아이디어가 좋은 결과로 이어진다는 프로세스의 반복을 즐길 수 있는 끈기가 중요하다.

대학생과 대학원생 시기에 스스로 얻은 결과에 자신도 모르게 흥분해 '이것을 해야겠다, 저것도 하고 싶다'는 생각이 차례로 떠올라 잠자는 시간도 아깝게 여길 만한 체험을 했으면 한다. 이런 체험을 통해 연구가 재미있다고 실감하는 일이야말로 이후 연구자로서 긴 길을 지탱해주는 중요한 자산이 된다고 생각한다.

나는 '답은 이것이 분명하다'고 미리 확실한 가정을 세운 뒤 실험을 시작하는 유형은 아니다. 언제까지 이것을 해명하겠다는 식으로 목표를 세우지도 않는다. 그보다는 어떤 현상을 만나 '재미있네! 어째서 그럴까? 왜지?'라는 흥미만으로 충분히 연구를 계속하는 유형이다. 이런 의미에서 나는 현상 자체에 몰입하는 사람이다.

오토파지 연구도 '이런 원리로 성립하는 게 분명해'라는 가설을 처음부터 세운 것이 아니었다. '어떤 기구에서, 왜 이런 신기한 현상이 일어날까'라는 마음을 계속 품고 있었으며 지금도 매일 '아직 모르는 것이 많구나' 하는 마음으로 연구하고 있다.

가설을 세우고 이치로 따져가며 확실히 연구하는 연구자도 있지만 모두가 그럴 필요는 없을 것이다. 나는 내가 재미있다고 느끼고 해명하고 싶은 과제가 있으면 언제나 그 원점으로 돌아간다. 나 자신이 납득할

재미있다고 느끼고 해명하고 싶은 과제가 있으면 나는 언제나 원점으로 돌아간다.
나 자신이 납득할 때까지 흥미를 지속시키는 연구자가 되고 싶다.

때까지 흥미를 지속시키는 연구자가 되고 싶다고 느낀다. 애초에 생물학 연구는 하나를 풀면 차례로 새로운 의문이 샘솟는 법이다.

이런 면을 생각하면 역시 연구자는 자신의 흥미에 따라 더욱 깊이 파고들 수 있는 흔치 않은 직업 중 하나다. 제대로 풀리면 사업화해서 큰 부자가 되겠다거나 커다란 영예를 얻고 싶다는 생각은 해본 적이 없다.

연구와 돈

이처럼 과학 연구자는 좋은 직업임이 분명하다. 하지만 최근에는 과학의 세계에도 단기간의 성과를 요구하고 있고, 이런 상황에서 '재미있어서 과학 한다'고 말하기는 더욱 어려워졌다. 나의 학생 시절 이학부는 '도움이 되지 않는 것을 하기에 대단하다'라는 말을 주눅 들지 않고 떠벌리곤 했지만 지금의 대학생들은 그런 말을 입에 담기를 꺼린다. 젊은 세대로부터 이런 말을 들으면 나도 난처하다. "선생님, 도움이 되지 않는 연구를 국비를 받아가며 해도 되나요?" '도움이 되는가 되지 않는가'의 가치관이 만연해 있고 젊은 세대가 오히려 그것이 바람직하다고 여기는 풍조다. 이것은 사회 전체에 여유가 사라진 일본의 사정과도 관계가 있을 것이다. 지금부터는 그 상황에 관해 이야기하고자 한다.

연구, 특히 실험과학을 진행하기 위해서는 연구 공간과 연구 시설, 설비와 일상적인 연구비가 필요하다. 가속기와 거대 망원경 같은 대형 장치가 있어야 하는 이른바 '빅 사이언스'는 거액의 자금이 필요하며, 지금은 국제적인 협력 없이는 진행이 불가능한 상황이다. 한편 내가 관여하는 '스몰 사이언스'라고 불리는 생명과학 연구비도 실은 전체 과학 연구비에서 차지하는 비중은 결코 낮지 않다.

일반 사회생활에서 보면 '왜 그렇게 많은 돈이 들지?' 하고 생각할지 모르지만 실제로 꽤 많은 자금이 필요하다. 가령 나의 연구 분야인 세포생물 연구를 진행하려면 고성능의 최신 광학현미경과 전자현미경, 유전자 해석장치, 질량 분석장치 등의 기구가 필수이며, 하나에 1억 엔이 넘는 것도 많다. 생명과학 실험실에는 일상적으로 사용하는, 한 개에 수십만 엔이나 하는 기구가 수십 종류나 필요하다. 시약도 고가인 것이 많아졌고, 마우스(실험쥐) 등의 실험동물을 사용하면 거기에도 큰 비용이 든다. 또한 미량의 액체를 정확하게 측정하고 섞어서 반응시키려면 일회용 플라스틱 제품도 다수 필요하다. 나아가 지금 시대에는 연구 데이터의 해석에 여러 대의 컴퓨터가 필수적이며, 과학 잡지도 구입해야 한다. 해외를 포함해 학회 등에 나가서 정보를 얻거나 토론을 하는 것도 중요하다. 연구 성과를 논문으로 국제지에 발표하는 데도 꽤 비용이 든다(예를 들어 한 편의 논문 투고에서 게재까지 수십만 엔이 필요하다).

일본의 대학 연구비는 이전에는 국립대학이라면 이른바 강좌비로서 일률적으로 배분되어 최소한의 경비를 보장해 주었다. 하지만 최근, 국가에서 대학에 지급하는 '운영비 교부금'은 대학 운영을 위한 돈일 뿐 연구비가 아니라고 여기고 있어 연구 자금은 전액 연구자 스스로 획득해서 부담해야 한다. 이른바 경쟁적 자금이다. 아무것도 하지 않으면 연구비는 한 푼도 들어오지 않기에 개인의 노력으로 외부 자금을 응모해서 획득해야 한다.

국가에서 주는 연구 자금은 다양한 정부 기관에서 나오지만, 기초 과학자에게 가장 자유도가 높고 중요한 것은 문부과학성이 관할하는 과학연구비 보조금이다. 금액과 기간에 따라 다양한 종목이 있다. 물론 자동으로 받을 수 있는 것이 아니라 연구 계획이나 연구비의 필요성 등을 기재한 신청서를 제출한 후 엄밀한 심사를 거쳐 채택이 결정된다. 안타깝게도 신청 건수에 비해 채택되는 비율이 상당히 낮으며, 그야말로 경쟁이라고 할 수 있다.

연구자는 연구비를 얻어야만 연구를 계속할 수 있으므로 이를 위한 신청서류 작성과 성과보고서 작성에도 많은 시간을 할애해야 한다. 더구나 이들 연구비의 연구 기간은 대개 2~3년이며 길어야 5년이다. 이런 프로젝트 연구만 남으면 연구비가 중도에 끊어지지 않을까 늘 불안한 상태에서 연구를 진행하는 수밖에 없다.

연구비 신청의 경쟁이 심할 경우, 객관적 지표로서 그때까지의 연구 실적과 신청자가 발표한 논문이 채택 여부를 판단하는 자료가 된다. 나아가 채택되면 연구 계획에 대한 성과를 요구한다. 다음 연구비를 타려면 기간 내에 성과를 내야 한다는 압박감도 있다. 나는 이렇게 여유가 없는 상황이 큰 문제라고 생각한다. 왜냐하면 그 결과로, 확실히 성과를

> **과학 연구는 미래에 대한 투자이기도 하다. 미래를 위한 씨앗 같은 연구도 지원받을 수 있는 시스템이 필요하다.**

얻을 수 있는 과제만을 택하게 되며, 답이 나올지 알 수 없는 문제에 도전하는 일은 어려워지기 때문이다. 긴 연구 기간이 필요한 연구 계획을 제안하기는 어려워진다. 단기간에 성과가 보이는 연구가 중시되어 기초적인 연구는 스스로 멀리하는 경향이 커진다.

2장에서도 말했지만 내가 효모의 오토파지를 발견하고 최초의 논문을 발표한 것은 1992년, 연구실이 설립된 지 4년 뒤였다. 그 사이 진행한 많은 중요한 연구는 그때까지 누구에게도 선보이지 못했고 평가도 받지 못했다. 과학 연구는 미래에 대한 투자이기도 하다. 그렇기에 이미 크게 전개되고 있는 훌륭한 연구뿐 아니라 장래 커다란 전개를 보일 것 같은 씨앗 같은 연구도 지원받을 수 있는 시스템이 필요하다. 이처럼 연구비 지원 문제는 연구 내용 자체에도 크게 영향을 주는 문제라는 점을 인식했으면 한다.

그에 더해 일본 연구자의 대다수는 대학의 교원이므로 대학의 운영

및 교육과 관련해서도 많은 업무를 떠안아야 한다. 연구에는 그에 투입하는 시간이 필수적인데, 연구자의 연구 시간이 연구 외의 안건에 분산된다면 괴로운 일이다. 최근, 대학 교원이 연구에 할애하는 절대적인 시간이 크게 줄고 있는데 이것이 일본의 연구력 저하로 이어진다는 점은 문부과학성의 정기 조사에서도 분명한 수치로 확인되고 있다.

과학자에게는 다양성이 필요하다

그렇다면 과학자에게 필요한 자질은 무엇일까. 과학의 세계에서 평균은 큰 의미를 갖지 못한다. 과학자는 일본의 학교교육이 목표로 삼아온 이른바 우수한 성적의 엘리트가 모인다고 해서 그저 좋다고만은 할 수 없다. 오히려 과학자는 어떤 의미에서 '괴짜'여도 좋다.

얼마 전 아사히신문의 칼럼에서 와시다 기요카즈 씨가 오랫동안 산

> 과학의 세계에서 평균은 큰 의미를 갖지 못한다. 어떤 의미에서 과학자는 '괴짜'여도 좋다.

토리의 치프 블렌더를 담당했던 고시미즈 세이이치 씨의 말을 소개하는 기사가 눈에 띄었다(2020년 12월 13일). "조금 색다른 것이 필요해요. 우등생만 모은다고 좋은 술이 되는 것은 아닙니다." 블렌드 위스키는 다양한 원주原酒를 섞어 만드는데 이때 '결점이 없는' 원주만으로 술을 빚으면 '선이 가는' 술밖에 만들어지지 않는다고 한다. 반면에 색다른 술이 섞이면 비로소 완전히 다른 종류의 좋은 술이 만들어진다는 이야기였다. 연구자의 세계도 마찬가지라는 생각에 나는 연신 고개를 끄덕였다.

역사적으로 보아도 뛰어난 연구자의 주변에는 대개 뛰어난 동료가 있었다. 이것이야말로 외딴 섬에 살며 자유로운 시간을 많이 갖는다고 해서 혼자 과학을 이룰 수 없는 이유다. 연구 활동에 있어서는 주변의 뛰어난 환경이 큰 의미를 지닌다. 그저 연구 설비와 건물이 잘 갖춰졌다고 해서 좋은 연구를 진행할 수 있는 것이 아니다.

연구자 집단에는 다양한 사람이 있으며 제각기 역할을 지니고 있다. 직감적으로 사물을 파악하는 데 능한 사람, 논리적으로 생각하지 않고는 앞으로 나아가지 못하는 사람, 실험을 하는 것이 무엇보다 좋은 사람, 실험을 몇 번이나 반복하지 않으면 답을 내지 못하는 사람, 신기하게도 한 번 만에 훌륭한 결과를 내는 사람, 많은 논문을 정확하게 읽어내는 만물박사 같은 사람, 토론을 좋아하며 다양하게 의문을 제기하는 사람, 적확한 의문이나 질문을 던지는 사람 등 각기 다른 특기와 개성들이 있다.

그렇다면 현재 일본의 대학은 어떤 상황일까. 2장에서도 말했지만 내

> **연구 설비와 건물을 잘 갖췄다고 좋은 과학 연구를 진행할 수 있는 것은 아니다. 과학 연구자 집단에는 다양한 특기와 개성을 가진 사람들이 필요하다.**

가 도쿄대학에 입학한 당시에는 입학생 대다수가 도쿄의 도립고교와 전국의 공립고교 출신이었다. 그러나 최근 도쿄대학이나 도쿄공업대학 학생에게 "자네는 어느 고등학교 출신인가?"라고 물으면 대다수로부터 잘 알려진 유명 진학교의 이름이 돌아온다. 중학교와 고등학교의 이른 시기부터 학생 선발이 시작되었음을 알 수 있다.

출신지의 다양성도 옅어지고 있다. 도쿄대학이나 도쿄공업대학 등 과거에는 일본 전역에서 학생이 모여들던 대학도 지금은 어떤 의미에서 지역 대학처럼 변하고 있다. 가령 도쿄공업대학의 경우 20년 전에는 간토関東권 외의 출신자가 절반 정도를 차지했지만(일본 혼슈의 동부에 있는 도쿄도, 이바라키현, 도치기현, 군마현, 사이타마현, 지바현, 가나가와현의 1도 6현을 말한다) 지금은 30퍼센트 정도까지 낮아졌다고 한다.

최근 10년 일본 사회가 전체적으로 가난해졌다는 점이 다양한 통계에서 명확히 드러나고 있다. 부모 세대가 자식에게 돈을 쓰지 못하게 되면서 자식에 대한 경제적 지원도 줄었다. 그 결과, 많은 국립대학이 해당 지역 출신자로 채워지는 비율이 높아졌다. 도쿄대생 부모의 연수입이 다른 대학과 비교할 때 가장 높다는 점도 드러났다. 중학교와 고등학교처럼 이른 시기에 선발이 진행되며 대학생의 다양성도 낮아지고 있다.

물론 대학도 다양성을 확보하고자 노력하고 있다. 가령 도쿄공업대학에서는 2020년부터 '1세대 전형'이라는 새로운 시도가 시작됐다. 부모가 대학을 졸업하지 못한 고등학생에게 대학 진학의 기회를 늘려주려는 시도다. 이 전형 방식이 부모의 학력과 무관하게 학생 본인이 대학에 진학해 재능을 발휘하는 사회가 되는 데 도움이 되기를 바란다. 이 활동은 나의 기부를 자본금으로 시작했기에 '오스미 요시노리 기념장학금'이라고 이름 붙인 시스템에 속한 기획이다. 기금 자체는 설립 이래 졸업생을 비롯한 많은 사람의 기부 덕분에 몇 배나 늘어나 있으며 이와 같은 활동을 지탱하고 있다. 기존에 균질한 인재를 추구해온 일본 사회가 앞으로 어떤 사회를 목표로 삼으면 좋을지, 다양성이 요구되는 과학의 세계와 대학에서 새로운 방향성을 제시해 주기를 기대한다.

'잘하는 것'이 아니라 '못하는 것'으로 정해지는 진로

연구자에게 다양성이 중요하다는 점을 말했다. 그렇다면 연구자의 씨앗을 선발하는 대학의 입시제도는 현재 그에 걸맞은 상태일까. 지금도 수험생이 대학을 선택할 때면 시험 성적 등의 수치를 중시하다 보니 자신의 흥미를 마주하지 못한 채 진로를 정하는 것을 당연하게 여기고 있다. 문부과학성이 다양한 입시제도 개혁을 추진하고 있지만 제대로 기능한다고 보기는 어렵다. 사람의 능력을 펼치기 위한 본질에 가 닿는 논의가 필요한 시점이다.

일본 사회에서는 지금도 문과와 이과를 구분하는 것을 자주 듣는다. "저는 문과여서 모릅니다"라든지 또는 그 반대의 경우도 있다. 어느 경우든 문제를 피하는 구실로 삼고 있다. 고등학교에서 수학을 잘하지 못한다는 이유만으로 문과에 배정된다. 오로지 대학 입학을 위해서다. 오늘날 시대에는 문과 학문에도 수학 지식이 필요하며 반대로 이과 학문에도 문과적 소양이 중요하다는 점은 널리 알려져 있다. 하지만 각급 학교에서 이런 상황에 적절히 대응하는 것 같지는 않다. 성적이 좋다는 이유만으로 적성과 희망을 무시한 채 의과대학 진학을 권유한다. 이과임에도 물리를 못한다는 이유로 생물을 선택한다. 이런 식으로 선택의 이유가 학생의 장점을 인정하고 능력을 키우는 것이 아니라, 못하는 과목을 제거하는 이른바 '소거법'을 택하고 있다.

대학 측은 저출산의 영향으로 학생 모집이 급선무가 되었다. 어떤 대학은 수험 과목을 줄여서라도 수험생을 늘리고자 방침을 정한 곳도 있다고 한다. 그런데 대학에 들어간 학생들 중에는 필요한 기초학력이 부족한 이들도 종종 보인다. 그 폐해로 대학 공부에 의욕을 잃는 학생들이 생기고 있다. 그 학생들의 이해도에 맞춰 별도의 강좌를 운영해야 하는 대학 교원 측은 상당한 부담을 떠안는 수밖에 없다.

또 대학 수험 시점에 학부뿐 아니라 학과까지 정하는 시스템도 지금 시대에 어울리지 않는다. 가령 공학부에는 전기, 전자, 기계, 정보, 시스템 등 비슷한 이름의 학과가 여럿 있다. 대학에서 일하는 나조차도 각 학과에서 어떤 사람이 무엇을 연구하는지 모른다. 하물며 고등학생이 각 학과의 연구 내용을 제대로 알기란 거의 불가능하다. 그래서 그나마 입수한 불충분한 정보를 바탕으로 학과를 선택하게 된다.

이렇게 보면 일본의 교육시스템은 학생 개개인의 개성과 특별한 능력을 키우기보다 '작은 전문가'를 빠르게 만드는 데 주안점을 둔 것처럼 보인다. 시험의 종합 점수로만 학생을 평가하는 현재 상황은 사회적인 면에서, 특히 과학의 세계에서 커다란 손실이다. 비슷비슷한 사람끼리 모이기 좋아하는 일본이라면 대학만큼은 다양성을 더욱 소중히 여겨야 하지 않을까.

대학원도 커다란 문제를 안고 있다. 석사과정 수료자가 취업에 유리하다고 해서 학부에서 석사과정에 진학하는 학생이 늘었지만 반대로 박사과정 진학자는 급격히 감소하고 있다. 내가 대학에 다니던 시절에는 적어도 도쿄대학에서는 석사과정생 대부분이 박사과정에 진학했다. 많

> **시험 점수로만 학생을 평가하는 현실은 과학의 세계에서 커다란 손실이다. 대학만큼은 다양성을 더욱 소중히 여길 필요가 있다.**

은 사람에게 있어 석사과정에서 연구 주제를 스스로 정하고 연구 방법까지 생각하기란 어려운 일이다. 따라서 석사과정은 박사과정에 진학해 자립적인 연구자가 되기 위한 훈련기간으로 자리매김했었다. 하지만 지금은 석사과정만 마치고 박사과정에 진학하지 않는 것을 당연하게 여기는 분위기다. 이런 상황에서 석사과정은 기업체 취직을 목표로 하는 기간으로 의미가 퇴색했다.

내가 가르치는 도쿄공업대학도 많은 학생이 석사과정을 마친 뒤 취업을 한다. 석사과정 2년은 많은 것을 배우며 크게 성장할 수 있는 소중한 시간이다. 하지만 그 시간을 취직 활동에 써야 하므로 연구에 필요한 시간이 줄어들고 만다. 한정된 시간에 연구의 재미를 경험하기는 어려우므로 자연스레 연구에 몰두하는 자세도 흐트러진다. 그리고 일단 취업이 결정되면 자신의 연구 성과를 논문으로 정리하거나 학회에서 발표하려는 의욕도 줄어든다. 이 때문에 현재 일본의 많은 학회에서 젊은 연구자들의 연구 발표가 감소하고 있다. 스스로 과제를 찾아 도전하는 자세를 키워야 하는 시기임에도 이것을 놓치는 것이 가장 문제다. 그런데 기업의 개발 담당자들의 말에 따르면 이런 안이한 태도는 취업을 해도 크게 달라지지 않는다고 한다.

박사과정에 진학하면 3년간 무급 연장에다 등록금도 더 내야 한다. 최단기간 박사과정을 마쳐도 수료하면 27세가 된다. 더욱이 박사과정 진학 문턱이 높은 것은 당연하다. 장학금을 충실히 구비해야 한다고 강조하고 있지만 아직 불충분하다.

일본학술진흥회에서 박사과정에 대한 경제적 지원을 하고 있지만 그것을 받으려면 석사과정에서 논문을 내는 편이 유리하다. 그렇게 되면 자신이 흥미를 지닌 연구나 하고 싶은 연구에 도전하기보다 교수가 부여한 주제를 솜씨 좋게 해내려는 경향이 강해진다. 지도 교원이 시키는 대로 실험을 하고 결과가 나오면 "선생님, 다음에는 뭘 할까요?" 하고 묻는 대학원생이 많아졌다는 이야기를 요즘 교수들에게 듣고 있다.

스스로 생각하지 않고 시키는 대로 실험만 하는 로봇이 되어서는 다음 세대를 짊어질 연구력을 기를 수 없다. 과학의 재미를 느끼기도 어려우며 스스로 새로운 과제에 도전하는 것이 방해 받는다. 현재의 대학원 제도가 가진 커다란 결함이다.

연구자를 키우는 환경

연구가 발전하려면 그저 주변에 다양한 사람이 있으면 되는가 하면 그 정도로 간단한 문제는 아니다. 다양한 인간의 상호 작용의 의미를 생각해야 한다. 연구 활동은 개인적인 작업에 많은 부분 의존하는 것이 사실이지만 다른 사람과의 관계 속에서 연구자가 배움을 얻고 성장하기도 한다. 토론하는 가운데 자신의 생각을 정리하고 심화할 수 있다. 다양한 사람과 만나는 과정에서 자신과 완전히 다른 사고방식이나 문제 해석 방식을 알아가는 것이 중요하다.

토론이라고 하면 서로 다른 의견을 다투면서 어느 쪽이 옳은가를 판정한다는 이미지가 있지만 보다 본질적인 것은 토론 과정에서 그때까지 보이지 않았던 새로운 방향이 보이는 데 있다. 토론의 재미는 생각지도

> 다양한 사람과 만나는 과정에서 완전히 다른 사고방식과 문제해석 방식을 알아가는 것, 나와 다른 견해와 사고방식을 가진 사람과 토론하는 기회가 무엇보다 중요하다.

못한 새로운 전개가 펼쳐질 때 찾을 수 있다. 이 점에서 나와 다른 견해와 사고방식을 가진 사람과 토론하는 기회를 갖는 것이 무엇보다 중요하다.

내가 해외에 나가 통감하는 것 중 하나가 나를 포함한 많은 일본인 연구자가 토론에 약하다는 점이다. 서로 의견이 부딪히는 것을 피하는 일본인의 기질이 원인인지 몰라도 무엇보다 이것은 일본이 지금까지 해 온 교육의 결과가 아닐까. 일본에서는 어린아이 때부터 가능한 한 타인과 다르지 않다는 점을 중시한다. 종종 보도되는 아이들의 왕따 현상도 이질적인 사람을 배제하는 일본의 어른 사회를 반영한 것인지 모른다. 국제화가 진행되는 가운데 급속한 변화에 적절하게 대응하는 능력을 지닌 인재가 요구되는 상황임에도 교육 현장에서 이것이 제대로 반영되지 못하고 있는 것은 아닐까.

지금 토론의 허무함을 느끼게 하는 장면은 일본의 국회인지 모른다. 토론이 실종되었다는 점은 누가 봐도 명백하다. 일본 정치의 퇴화는 현저하다. 모두가 거짓이라고 알고 있는 것을 아무렇지 않게 사실이라고 말하거나 중요한 증거 서류와 통계 데이터를 위조하거나 파기하기도 한다. 텔레비전의 국회 중계를 보더라도 토론하는 가운데 새로운 것이 생겨나는 생산적인 활동이라고 실감하기 어렵다. 매일 그런 화면을 보는 사람들에게 토론의 중요성을 설득하기란 쉽지 않은 일이다.

또한 최근 코로나19로 어려움을 겪은 대학 저학년생들을 보면 너무도 안타까운 마음이 든다. 집에서 작은 컴퓨터 화면을 통해 일방적인 온

라인 수업을 들어야 하고 대부분 등교의 기회마저 빼앗기고 말았다. 대학 생활이 어떤 것인지 체험할 기회도 없이 시간을 보낸 그들이 입은 피해를 헤아릴 방법은 없다.

교원 또한 학생의 반응을 확인할 수 없는 컴퓨터 화면을 들여다보며 강의를 한다. 너무도 기분이 찜찜하고 의욕이 생기지 않는다. 학생들에게 대학은 단순히 수업을 듣고 그것을 배우는 곳만은 아니다. 그런 것이라면 하버드대학이나 스탠퍼드대학 등 해외 유명 대학의 수업을 인터넷으로 들을 수도 있고 훌륭한 교과서도 많이 출간되어 있다. 그것을 공부하는 것뿐이라면 대학에 입학할 필요도 없다.

대학에서의 배움은 단순히 지식을 얻는 수동적인 것이 아니다. 정확한 답을 아는 것이 중요하지 않다. 그보다 대학 생활은 극단적으로 말해 앞으로의 긴 인생에서 무엇을 배울지 모색하는 시간이어야 한다. 얻기 어려운 평생의 친구를 얻고 훌륭한 선배와 선생을 만나 직접 대화를 나

> **대학에서의 배움은 단순히 지식을 얻는 수동적인 것이 아니다.
> 대학 생활은 긴 인생에서 무엇을 배울지 모색하는 시간이어야 한다.**

누는 시간이어야 한다. 다양한 배움을 얻는 것이야말로 학생에게 있어 대학의 의의라고 할 수 있다.

토론하는 일상, 틀어박히는 일상

토론하는 힘은 가만히 있는다고 몸에 익혀지지 않는다. 해외 학회에 가면 그것을 절감한다. 해외 대학과 연구기관에는 교직원 등 연구자들이 낮 시간에 모여 차를 마시는 티타임이 있다. 서로 다른 연구실이나 타 분야 연구자들과 차와 쿠키를 곁들이며 한 시간 정도 자유롭게 대화를 나눈다. 여기에는 연구실 멤버 대부분이 참여한다. 내가 영국에 갔을 때는 차의 나라인 만큼 오전과 오후 두 번의 티타임을 가졌다. 록펠러대학의 야간 세미나에서는 와인을 마신 적도 있다.

그들은 평소에도 완전히 다른 분야의 사람들과 대화하는 훈련을 하고 있음을 알았다. 반면 일본의 대학에서 학생은 입학 때부터 학과로 나뉘며 연구실에 배속되면서 인간관계가 한정되고 좁아지고 만다.

최근 대형 국립대학의 이학부 교수인 친구와 이야기를 나눌 기회가 있었다. 그는 국제기독교대학[ICU] 출신이었는데 ICU와 비교해 그곳 학과의 분위기에 위화감을 느낀다고 했다. ICU는 유학생과 귀국 자녀가 많은, 규모가 크지 않은 대학으로 교양학부에서 자연과학을 배우는 학생들은 각자 생물, 화학, 물리, 수학을 전공하지만 일상적으로 한곳에서 대화를 나눌 기회를 갖는다. 이런 대화를 통해 자신의 관심사를 다른 사람에게 전하는 훈련과, 다른 분야의 동향에 흥미를 갖는 교육이 자연스럽게 이루어진다. 한편 대형 국립대학의 경우에는 이학부 내에서도 학과가 세분화되며 서로 다른 건물을 사용하므로 인간관계가 학과 내의 사람들로 한정되고 만다. 학생들이 전공 외의 사람들과 대화를 나눌 기회는 학년이 올라갈수록 줄어든다.

토론에 관해 말하자면 이런 일도 있다. 강연차 해외 대학을 방문하면 강연 후의 일정표를 건네받는 일이 종종 있다. 여러 연구자의 사무실을 순서대로 방문하도록 일정이 짜여 있다. 그곳에서 각자의 연구를 소개받고 토론을 통해 의견을 나누는데 꽤 빠듯한 스케줄이다. 내 전공이 아니어서 토론이 부담스러운 주제도 있지만 그들에게는 이것이 지극히 자연스러운 일인 것 같다. 더욱이 점심시간에는 수십 명의 학생과 식사하며 이야기 나누는 시간을 갖는다. 한 사람, 한 사람의 학생이 배우는 전공은 물론, 장래 희망도 무척이나 다양하다는 점을 깨닫게 된다. 나를 포함한 일본인 연구자는 해외 연구자와 외국어로 토론할 때 어학에 핸디캡이 있는 것이 사실이다. 또 토론하면서 새로운 것이 생겨나는 것을 실감할 기회가 적었던 것도 문제이다.

이렇게 된 한 가지 요인은 일본 대학교육의 존재 방식에 있는 것이 아닐까. 앞서 말했듯이 일본의 대학은 한 사람의 전문가를 서둘러 현실 사회에 내보내는 것을 목표로 삼아 왔다. 게다가 최근 수십 년간 대부분의 대학이 교양학부를 폐지하며 이런 경향을 가속화하고 있다. 많은 일본 대학이 겉으로는 종합대학university을 표방하지만 실제로는 칼리지college나 전문학교에 더 가깝다. 한정된 분야에서 서둘러 한 사람의 몫을 해내는 것을 중요하게 여기는 것이다.

오늘날 과학 진보의 속도는 가늠하기 어려울 정도로 빠르다. 어설프게 욱여넣은 지식은 얼마 가지 못해 쓸모가 없어진다. 10년 후, 20년 후를 정확히 내다보기 힘든 상황에서 우리에게 정말 필요한 것은 무엇일까. 그것은 새로운 문제를 대하는 유연한 사고방식과 문제 해결의 능력이 아닐까.

세계화가 활발히 진행되는 요즘 세계적으로 성공한 기업에서 전 세계의 대다수 점유를 자랑하는 주력 제품을 가지고 있어도 사회에서 그 필요성이 바뀌거나 더 뛰어난 제품이 개발되면 눈 깜짝할 사이에 다른 것으로 대체되고 만다. 작은 개량이 아니라 근본적으로 새로운 것을 요

> **10년 후, 20년 후를 내다보기 힘든 상황에서 우리에게 필요한 것은 새로운 문제를 대하는 유연한 사고방식과 문제 해결의 능력이다.**

구하는 사회가 됐다.

내가 전공으로 삼은 근대생물학도 발전 속도가 매우 빠르며 그에 따라 연구 기법도 다양화되고 있다. 나의 연구 주제인 오토파지 연구에서도 생리학, 생화학, 유전자, 세포생물학, 구조생물학 등 다양한 연구 기법이 관여한다. 내가 생각하는 이상적인 연구실은 연구실원 모두가 '오토파지를 이해하고 싶다'는 공통의 목표를 세운 뒤 한 사람, 한 사람이 서로 다른 방법으로 접근하는 다양한 집단이다. 그럼으로써 다양한 사고방식과 실험 방법을 일상적으로 접할 수 있고 어느 한 방향으로 진행하던 연구가 막힐 경우 누군가 다른 접근방식으로 새로운 결과를 얻어 전체의 활기가 유지되는 효과도 생겨난다.

내가 설립한 재단 관계로 다양한 업종의 기업 수장들과 이야기를 나눌 기회가 종종 있다. 그들 중에는 "지금이야말로 기업은 물론 개개인에게도 도전 정신이 요구된다"며 위기의식을 가진 이들이 많다. 그런데 이런 상황은 일본의 대학교육을 변화시키는 커다란 기회일 수도 있다.

젊은이의 특권과 안전 지향

최근 일본에서도 다양한 분야에서 놀랄 정도로 어린 나이에 세계적으로 활약하는 젊은이가 나오고 있다. 쇼기(일본식 장기) 기사인 후지이 소타 9단, 천재 프로 소녀 바둑기사로 불리는 나카무라 스미레 양 등이다. 스포츠계에서도 프로야구, 골프, 탁구 등 젊은 사람의 활약이 훌륭하다. 테니스의 오사카 나오미 선수, 야구의 오타니 쇼헤이 선수도 지금부터 더더욱 세계에서 활약할 것이 틀림없다. 작가도 최근에는 무척이나 어려서 데뷔하는 사람도 눈에 띈다. 이 같은 경향이 점점 더 확산되기를 바란다. 다만 내가 대학에서 접하는 학생들에 관해 말하면 안전 지향의 보수적인 성향이 강하다는 것을 자주 느끼곤 한다.

주변의 유행에 휘둘리지 않고 자신이 재미있다고 생각하는 것을 찾아 해나가는 것이 과학의 본질이다. 하지만 일본은 오리지널리티(독창성)를 소중히 여기는 문화가 빈약하고 사회적인 여유도 부족해 학생들이 안전을 추구하는 경향이 강해지고 있다. 이것은 결코 젊은이들만의 책임은 아니다. 어느 선생에게 듣기로 학생들이 스스로 연구 주제를 정

> **주변의 유행에 휘둘리지 않고 자신이 재미있다고 생각하는 것을 찾아 해나가는 것이 과학의 본질이다. 떠오른 의문과 부딪쳐 새로운 발상을 얻는 것이야말로 젊은이의 특권이다.**

하지 못한다고 한다. "이거, 논문으로 쓸 수 있을까요?" "네이처 지에 등재될 수 있을까요?"라고 묻는다고 한다.

젊은이들의 안전 지향은 대학만의 경향은 아닌 듯하다. 최근 젊은이를 대상으로 실시한 의식 조사 질문에서 '잘 모르겠다'는 답이 유난히 많다는 보도를 보았다. 자신의 의견 표현을 두려워하는 것이 표면화된 결과가 아닐까. 젊은이가 나이 든 사람보다 모르는 것이 많은 것은 당연하며 알지 못하는 것을 부끄러워할 필요는 없는데도 말이다. 나한테도 "그런 질문을 해도 되나요?"라는 질문이 날아든다. 의문을 마음속에만 가둬 놓지 말고 떠오른 의문과 부딪혀 새로운 발상을 얻는 것이야말로 젊은이의 특권이라고 생각했으면 한다.

아이들과 접할 때도 걱정되는 부분이 있다. 최근 초중고생을 대상으로 강연할 기회가 꽤 많은데 강연 후에 많은 질문이 날아드는 것은 바람직한 일이다. 그러나 반드시라고 할 만큼 이런 질문도 날아온다. "연구가 막혔을 때는 어떻게 하시나요?" "실패했을 때는 어떻게 대처하면 좋을까요?" 이런 질문을 받을 때마다 '하나뿐인 인생길에서 어떻게 하면 실패하지 않을까'를 지나치게 중시하는 것은 아닐까 하는 생각이 든다. 아직 아이임에도 그들에게는 '한 번이라도 실패하면 헤어나기 힘든 악순환에 빠지고 만다. 다시는 원래 상태로 돌아가지 못한다'는 두려움이 있는 듯하다.

성공의 비결보다 실패하지 않는 법을 알고 싶은 마음이 강한 것은 곤란한 일이다. 현재 일본 사회의 꽉 막힌 폐색감이 그런 경향을 부채질하는지도 모른다. 저출산의 영향도 있을 것이다. 아이들이 언제나 부모의 눈이 닿는 곳에 있기를, 위험한 다리를 건너지 않기를 바라는 부모의 마음도 작용할 테다.

수명이 점점 길어지고 있으므로 젊은이들은 더욱 '자신의 인생은 스스로 정한다'는 자세로 긍정적이고 당당하게 지냈으면 한다. 이런 의식은 당연히 과학의 세계에 뛰어드는 의욕과도 관련된다.

실패를 두려워하지 않아도 좋다

학생들이 실패를 두려워하는 것과 일맥상통 하는 점이 일본 대학원의 석사과정 입학 연령대가 대부분 만 22~23세라는 점이다. 이것은 세계적으로도 특이한 현상이다. 해외에서는 30세 전후인 나라가 여러 곳이다. 연구자는 외길만 걸어야 한다거나 몇 살쯤에는 어떻게 되어야 한다거나 하는 것은 전혀 없다. 어느 정도 사회 경험을 한 뒤 명확한 문제의식을 지녔을 때 대학으로 돌아와 훌륭한 연구를 펼치는 사람도 많다.

참가하는 길이 다양하다는 점도 조금 더 알아주었으면 한다. 그저 수동적으로 배우기보다 제대로 목적의식을 가지고 공부하는 쪽이 더 많은 지식을 습득할 수 있다는 점은 분명하다.

나는 우연히 예상치도 못한 여러 상을 받게 됐다. 어떻게 봐도 연구자로서는 세계적으로 '성공한 사람'일 테지만 나 개인적으로는 매우 마음이 불편하다. 수상자 선정 여부는 그때그때 운이라는 요소가 작용한다고 보기 때문이다. 나보다 훨씬 능력이 뛰어난 연구자도 많다. 훌륭한 착상을 떠올렸음에도 안타깝게 아직 검증할 방법이 없는 경우도 있다. 중요한 원리를 발견하는 데 결정적인 실증을 했음에도 수상자에서 탈락하는 예도 많다. 최종적으로는 잘못되었지만 그 연구 덕에 많은 사람의 연구를 촉발시켜 커다란 전개가 이루어진 예도 있다.

이처럼 과학의 발전에 대한 공헌 방식은 실로 다양하다. 과학의 발전은 많은 선구자와 동시대의 연구자에 의해 이루어져 왔다. 그럼에도 노벨상을 비롯한 많은 상이 한 명 혹은 소수의 개인에게 주어짐으로써 수상자의 성과만이 강조되고 있다. 실제로 연구자의 공헌에 순위를 매기는 것은 매우 어려운 일이며 내가 받은 상도 나 개인의 것만은 아니라고

> **과학은 수많은 선구자와 동시대의 연구자에 의해 발전해 왔다.
> 내가 받은 상도 나 개인의 것만은 아니다.**

생각한다. 이것 또한 수상을 진심으로 기쁘게 생각할 수 없는 이유 중 하나이다.

덧붙이자면 일본에서는 노벨상이 특별한 주목을 받기 때문에 노벨상 수상자는 모든 면에서 뛰어나다고 여기는 분위기가 존재한다. 성공한 사람이 모두 인격자이며 모든 면에 뛰어나다면 문제가 없겠지만 실제로는 그럴 리 없다. 이 당연한 사실을 냉정하게 전하고 싶어도 좀처럼 알아주지 않는다.

강연 진행자가 나의 이력을 소개할 때면 '2016년 노벨상 수상자'라고 반드시 설명을 붙인다. 그렇기에 나의 보잘것없는 이야기에도 진지하게 귀를 기울인다. 학생들을 대상으로 한 강연뿐 아니라 인터뷰에서도 늘 무언가 교훈이 담긴 이야기를 해달라고 부탁 받는다. 다른 수상자들은 중국의 고사나 위인의 말을 인용해 능숙하게 말하지만 나는 제대로 답하지 못한다. 과학에서 무언가를 달성했다고 해서 모든 면에서 모범이 되는 것은 아니다. 그럼에도 묻는 사람은 '귀한 말씀'이라고 여기며 나를 대한다. 이런 압박을 느끼기에 언제나 거북함이 뒤따른다. 가령 "초등학교 시절을 어떻게 보내셨나요?" "고등학교 시절에는 어떤 식으로 지내면 좋을까요?"라는 질문에는 정말로 답하기 어렵다. 2장에서 쓴 것처럼 노벨상을 받고자 생각하며 초등학교 시절을 보냈을 리 없고, 연구자가 된 뒤에도 상을 받고자 일부러 애쓴 것은 아니기 때문이다. 속마음을 말하자면 "그런 거, 나도 몰라"이지만 상대방은 교훈이 담긴 답을 기대하기에 어떻게든 그런 답을 끌어내려는 질문이 날아온다. 내 입장에서는 압박을 느끼는 한편으로 어떤 답을 원하는지 알기에 더욱 그런 답을 주고 싶은 마음이 들지 않는다.

미지의 세계는 앞이 보이지 않기에 더욱 즐겁다

고등학교 때까지는 이미 알려진 지식을 배우지만 '실은 모든 것을 알지는 못한다'는 메시지를 소중히 여겼으면 한다. 이것도 수험 공부의 폐해인데 반드시 하나의 정답이 존재한다는 전제에 모두가 익숙해져 있는 것 같다. 그렇기에 교원 입장에서도 "아직 이렇게 모르는 게 많습니다"라는 취지의 강의를 하기가 곤란하다.

한번은 이런 이야기를 들었다. 대학 강의에서 교수가 "여기에는 다양한 설이 있어서 어떤 것이 옳은지 아직 정확히 모릅니다"라고 하니 어느 학생이 "불안하니까 하나로 정해주세요"라고 했다고 한다. 내가 연구하는 생물 분야에는 아직 모르는 것, 알려지지 않은 것이 압도적으로 많다.

과학을 경시하는 풍조가 점점 심해진다는 요즘에도 과학을 연구하고 싶은 사람은 사실 많을 것이다. 모든 연구자가 이른바 '성공한 사람'을 목표로 할 필요는 없다. 자신이 알고 싶은 문제와 진지하게 마주하는 것을 행복으로 느낀다면 다른 사람의 평가는 그 다음에 따르는 부차적인 문제이다.

과학의 세계는 처음부터 성공으로 가는 길이 보이지 않는다. 어쩌면 그렇기에 더욱 즐거운 작업인지 모른다. 더구나 목표에 도달하는 길이 하나라고 한정할 수도 없다. 오히려 예상하지 않았던 길이 알고 보니 목표로 가는 지름길인 경우도 있다. 과학을 꿈꾸는 사람은 실패를 두려워하지 말고 학문에 왕도는 없다고 생각해야 한다. 그러면서 과학에 관여하고 싶은 마음 자체를 소중히 여겼으면 한다. 그러기 위해서는 과학의 본질이나 연구자의 활동을 이해해주는 사람이 사회에 한 명이라도 많아질 필요가 있다.

> 모든 연구자가 이른바 '성공한 사람'을 목표로 할 필요는 없다. 자신이 알고 싶은 문제와 진지하게 마주하는 것을 행복으로 느낀다면 다른 사람의 평가는 부차적인 문제이다.

도움이 되어야
한다는 속박에서
벗어나자

과학자는 우리에게 새로운 세계를 보여주는 사람이다. 그럼에도 우리는 무심결에 '그 연구, 당장 어디에 도움이 되는 거지?'라는 시점에서 바라보고 만다. 근시안적인 생각이 팽배한 사회를 사는 어른들과 지금부터 과학자를 목표로 하는 젊은이들에게 건네는 두 저자의 유일무이한 제언을 들어보자.

5장

'풀기'가 아니라
'묻기'를

나가타 가즈히로

답하는 것보다 묻는 것이 중요

혼란한 현대 사회와 과학 세계에서 우리가 정말 익혀야 할 힘은 무엇일까. 이번 장에서는 이것에 대해 생각해보려 한다.

한 사람의 인간으로 살아가는 데 필요한 힘을 기르는 것이 교육이다. 그것은 그저 하루하루 먹을 양식을 얻는 수단을 손에 넣는 것과는 다르다. 지금의 일본 교육에서 중시되는 것은 무엇일까? 바로 잘하기다. 잘하는가의 여부로 모든 것을 평가받는다. 부모와 교사도 "그 아이는 잘하는 아이다"라고 흔히 말하며, 무엇보다 본인이 그것을 가장 잘 알고 있다.

그렇다면 '잘한다'란 무엇을 말하는 것일까. 일반적으로는 시험에 나온 문제를 푸는 힘이 있는 것을 의미한다. 묻는 내용에 효율적으로 정확한 답을 내는 아이가 '잘하는 아이'라 할 수 있다.

푸는 힘을 발휘하려면 우선 그 분야에 대한 지식이 필요하다. 그렇기에 배움의 필요성이 강조되는 것은 두 말할 필요도 없다. 초중등 교육에서는 교과서에 따라 수업이 이루어지는 일이 많은데 교과서 내용을 지식으로 이해하고 자기 것으로 만든 뒤 시험장에서 푸는 힘으로 발휘하는 것을 '잘한다, 잘하지 못한다'의 판단 기준으로 삼는다.

시험이란 공평성이 담보되지 않으면 의미가 없다. 공평하게 수험생의 힘을 평가하는 것이 대전제다. 당연한 결과로, 특정 사람에게 유리한 문제를 출제하는 것은 허용되지 않으며, 교과서에서 배운 것만이 시험 범위가 된다. 또 평가가 공평하도록 문제를 내야 하므로 지식 자체를 묻거나 지식을 응용한 논리적 사고를 물을 수밖에 없다. 후자는 이른바 응용 문제다. 학교 성적을 매기는 정기 시험과 대학 입학시험은 이 기준을 기반에 두어야 공평성을 담보할 수 있으며, 성적 판정과 선발의 의미를 다한다.

이런 시스템 역시 현대의 대학 입시 등을 생각하면 어쩔 수 없는 면이 있다. 실은 미국처럼 입학은 쉽게 하고 대학의 학년이 올라가면서 강의나 교육에 따라오지 못하는 단계에서 다른 길을 찾게 하는 방식이 현재의 일본 시스템보다 바람직하다고 개인적으로 생각하지만 지금 당장 어떻게 할 수 있는 문제는 아니다.

하지만 그것을 인정한다 해도 시험 성적이라는 지수가 중시되어 부모와 교사, 무엇보다 본인조차 '수치'로 자기 능력을 평가하는 경향은 이대로 두어서는 안 되는 중요한 문제점을 안고 있다. 시험 성적이란 일종의 그림자다. 공평성의 관점에서 시험은 모두에게 수평적으로 빛이 비친다. 개개인의 능력은 균등하게 비친 빛의 그림자일 뿐 정확하게 측정할 수 없다는 점은 굳이 말할 필요도 없다. 사실 개개인의 정말로 훌륭한 부분은 '평균치에서 벗어난 부분'에 있다. 하지만 시험이란 원래 그것을 찾아내도록 만들어지지 않았다. '벗어난 부분'에 빛이 비치게 구성되어 있지 않은 것이다. 이것을 인식한 상태에서 학교와 수험, 모의시험 성적을 받아들였으면 한다.

우리 연구자가 자연과학 분야에서 바라는 인재상은 (인문사회과학도 마찬가지지만) 일반적으로 시험 성적이 우수한 학생과는 크게 다르다. 시험에서 좋은 점수를 얻으려면 교과서 내용을 충실히 기억하고 자기 것으로 만들어 출제된 문제에 응용하면 된다. 한편, 교과서 내용을 하나하나 의심하다 보면 효율이 중요한 시험에서 도저히 살아남지 못한다.

하지만 과학을 포함한 학문 세계에서는 '어째서 그럴까'라는 물음과

> **개개인의 정말로 훌륭한 부분은 '평균치에서 벗어난 부분'에 있다. 하지만 시험이란 그것을 찾아내도록 만들어지지 않았다.**

'과연 그럴까'라는 비판성의 두 가지 의식으로 현실을 대해야 한다. 이러한 의식이 없으면 연구를 진행하는 것은 물론 새로운 발견을 이루는 것도 불가능하다.

단순한 예이지만 2020년 초부터 폭발적으로 퍼져서 세계를 뒤덮은 코로나19. 텔레비전 등 미디어에서는 코로나 감염을 막기 위해 비누로 손을 씻으라고 권장했다. 그대로 실천하는 사람도 많았다. 하지만 사람들이 말하니까 손을 씻는 것이 아니라 왜 비누로 손을 씻으면 좋은지를 생각하며 실천하는 사람은 의외로 많지 않다.

코로나19는 우리 세포에 침입하여 스스로 복제하며, 막대한 수로 불어난 바이러스 입자가 다시 세포 바깥으로 나가 다음 숙주 세포를 감염시킨다. 우리 세포막은 인지질로 구성되어 있다. 단순하게 말하면 기름으로 만들어진 막이다. 바이러스가 우리의 세포막을 뚫고 바깥으로 나

> 과학을 포함한 학문 세계에서는 '어째서 그럴까'라는 물음과 '과연 그럴까'라는 비판성의 의식을 지녀야 한다. 그것이 없으면 연구의 진행은 물론 새로운 발견도 불가능하다.

가려고 할 때 바이러스는 우리의 세포막을 찢고 나가게 된다. 엔벨로프라고 하는 우리 세포막과 같은 것을 코트처럼 걸치고 나가는 것이다. 널리 알려진 코로나19의 스파이크라는 돌기도 이 엔벨로프에서 돌출되어 있다.

비누는 계면활성제라고도 하는데 지질(기름 성분)에 결합하는 성질을 지니며, 한편으로는 물에도 잘 융합한다. 기름에 달라붙은 형태로 물에 녹으므로 기름을 녹이는 작용을 한다. 오염된 손을 비누로 씻는 것은 물

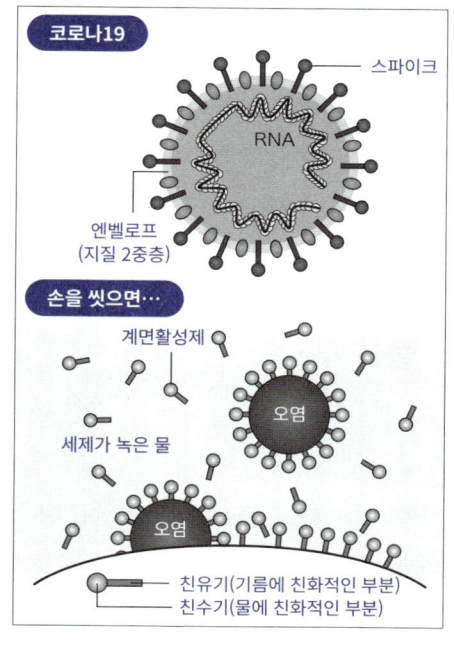

코로나19(위)와 계면활성제의 모습(아래)

에 녹지 않는 오염된 기름 성분을 계면활성제의 성질로 물에 녹이기 위해서다. 세탁도 마찬가지 원리다. 이와 같은 작용이 바이러스 표면의 지질막에도 작용해 바이러스의 막이 녹는다. 그렇기에 비누로 씻는 것이 바이러스를 죽이는 것이 된다.

단순히 비누를 사용하라고 들었기 때문에 그렇게 하는 것과 최소한의 과학 지식을 알고 사용하는 것은 실행 동기에 있어 큰 차이가 있다. '왜 비누를 사용하면 좋지?'라는 의문을 가질 수 있어야 한다. 우리는 외부의 정보, 특히 공공의 전파나 신문 등을 통한 정보의 경우, 이유나 원리를 알지 못해도 막연히 따르는 경우가 압도적으로 많다. 하지만 잠깐 멈춰 어째서일까, 진짜일까라고 물으며 찬찬히 바라보는 태도가 일상생활에서도 중요하다.

어떻게 물을까

'어째서 그럴까, 과연 그럴까'라고 묻지 않으면 자연은 결코 답을 돌려주지 않는다. 그런데 과학의 세계에서는 어떤 식으로 물을지, 어떻게 물을지가 매우 중요하다. 자연이 답을 돌려주기 쉽게 물음을 던져야 한다. 연구 현장에서는 어떻게 물을지가 실은 연구 능력에서 꽤 큰 부분을 좌우한다.

과학, 특히 실험 과학은 기본적으로 비교 과학의 측면이 강하다. 조건을 동일하게 만든 후 하나만 조건을 바꾼 요소를 개입시켜 그에 따라 결과가 어떤 식으로 변화하는지 관찰하여 하나만 바꾼 요소의 역할과 의미를 해명하는 것이다. 이때 무엇과 무엇을 비교하는지가 무척이나 중요할 수밖에 없다.

가령 어떤 약이 개발되어 그 효과를 시험한다고 하자(이것을 치험治驗이라고 한다). 어떻게 시험하면 좋을까. 약의 효과를 알고 싶기에 환자를 두 그룹으로 나눠 약을 준 그룹과 주지 않은 그룹을 비교해 병의 개선 상황을 보면 된다. 이때 둘로 나눈 그룹에서 나이와 성별, 병의 정도나 지금까지의 병력 등의 조건을 통일하는 것이 중요하다. 이처럼 설정한 두 그룹 중 조작하지 않은 그룹(즉, 약을 투여하지 않은 그룹)을 대조군이라고 부른다. 과학에서는 이 대조군을 어떤 식으로 제대로 구축하는지가 연구의 첫걸음이 된다. 대조군이 제대로 잡혀 있지 않으면 몇 번을 반복해도 의미 있는 결과를 얻을 수 없다.

**과학의 세계에서는 어떤 식으로 물을지가 매우 중요하다.
자연이 답을 돌려주기 쉽게 물음을 던져야 한다.**

자, 대조군을 제대로 잡고, 약을 투여한 그룹과 투여하지 않은 그룹을 비교해 투여한 그룹에서 명백한 개선이 보였다. 이것으로 약의 효과를 증명했다… 라고 생각할 수 있을까. 보통이라면 그렇게 생각해도 이상하지 않지만 이것만으로는 올바른 대조가 되었다고 볼 수 없다.

환자에게 약을 준다. 그러면 가령 그 약이 진짜로 효과를 발휘하지 않더라도 효과가 있는 약을 투여 받았다고 생각하는 것만으로 병이 호전될 때도 있다. 이것을 플라시보 효과라고 한다. 이 플라시보 효과를 배제하는 올바른 대조군을 잡아야 한다. 효과가 있는 약(화합물)과 그것이 들어 있지 않은 가짜 약, 즉 위약(이것을 '플라시보'라고 한다) 중 어느 쪽을 주는지 환자가 모르게끔 투여해 양자를 비교하는 것이 올바른 방식이다. 실제 치료 현장에서는 더욱 엄밀한 대조가 이루어진다. 약을 투여하는 의사에게도 그것이 진짜 약인지 위약인지 숨기는 것이다. 투여하는 의사의 태도에서 그것이 진짜 약인지 위약인지 환자가 알 수 없게 하기 위해서다. 이처럼 엄밀한 비교 대조를 통해 시험한 약의 효과를 판정한다. 그래야만 처음으로 과학적으로 올바르다고 여겨지는 결론에 이르게 된다.

하지만 세상에는 이처럼 엄밀하게 비교하지 않은 채 효과가 있다고 홍보하는 상품이 떠돈다. 건강식품과 미용에 관한 '좋아 보이는 것들'이 텔레비전과 신문 지면에 넘쳐난다. 그 광고의 대부분은 효과가 있다고 말하는 유명인의 감상을 싣고 있으며 이렇게나 효과가 있다고 구매 의욕을 불러일으키는 작전이다. 하지만 가령 그 사람들에게 효과가 있다고 해도 그것은 과학적으로 효과가 있다고 할 수 없다. 한 명에게 효과가 있다고 해서 보편화할 수 없기 때문이다. 이것은 새삼 말할 필요도 없는 과학적인 사고방식의 기본 중의 기본이지만 그것조차도 일반 사회의 많은 사람과 공유되지 않는 것이 현재의 상황이다.

답의 끝에 새로운 물음이

과학 연구자가 갖춰야 할 가장 중요한 자질로 물음을 일으키는 능력을 이야기했다. 그렇다면 연구자가 느끼는 기쁨이란 무엇일까.

스스로 일으킨 물음에 어떻게 답을 끌어낼까. 실험 과학자라면 물음에 대한 답을 찾기 위해 다양한 실험을 진행해 결과를 얻고 그 결과의 검증을 위해 또다시 실험한다. 이와 같은 방법으로 어떻게든 소기의 목적을 달성해 올바른 답에 이른다. 여기에 연구자로서의 묘미가 있다… 라고 일반적으로는 생각할 것이다. 하지만 지금까지 50년 가까이 연구자로 지내온 나의 실감을 말하자면 그것이 반드시 가장 큰 기쁨은 아닌 듯하다.

생각해보면 질릴 정도로 긴 시간, 연구자로 생활해왔다. 젊었을 때는 토요일, 일요일도 없을 정도로 연구실에 틀어박혔고 새해 첫날 연구실에 나가보면 동료 대부분이 나와 있던 적도 많았다. 무엇이 그렇게 바보 같은 생활을 끌어낸 힘이 되었을까.

사람에 따라 다양한 답이 있을 테고 내 생각을 강요할 의도는 털끝만큼도 없지만 나의 경우 올바른 답에 도달하는 것보다 모처럼 올바른 답을 얻었음에도 곧장 그 건너편에 새로운 물음이 보이기 시작하는, 자연이 가진 무한한 깊이가 가장 큰 매력이었다. 모처럼 답을 찾았지만 그것으로 일단락되지 않는다, 뒤처리를 해야 한다는 식으로 연이어 새로운 물음에 대한 투지가 자연스레 샘솟는다.

물론 아직 답을 모르는 물음에 답함으로써 세상의 인정을 받고 싶다는 명예욕도 분명히 있었다. 과학의 역사에는 제아무리 작고 한정된 영역이라도 자기 이름을 남기고 싶은 뜨거운 열망이 있었다. 끝없는 물음이 이어지는 자연의 수수께끼에 대한 마르지 않는 흥미와 그 가운데 업적을 쌓아 인정받고 싶다는 명예욕, 이 두 가지가 긴 시간 나를 연구의 세계에 붙들어 맨 커다란 요소가 아니었을까.

그야말로 시지포스와 같은 고역이기도 하다. 모처럼 언덕까지 돌을

> **답을 얻었음에도 곧장 그 건너편에 새로운 물음이 보이기 시작하는, 자연이 가진 무한한 깊이가 과학 연구의 가장 큰 매력이자 기쁨이었다.**

밀어 올렸는데 곧장 굴러 떨어진 돌을 시지포스는 다시 힘들게 밀어 올린다. 그런 반복과도 닮았지만 물음과 답의 쳇바퀴, 가설과 검증의 반복 속에 점차 자신의 연구 대상이 하나의 큰 그림으로 정리되어가는 묘미는 다른 것으로 대체할 수 없는 기쁨이다.

우리 연구실은 세포 내 단백질의 품질 관리 기구에 관한 연구를 계속해왔다. 세포가 단백질을 만들 때는 여러 단계를 거쳐 몇 번이나 감시하

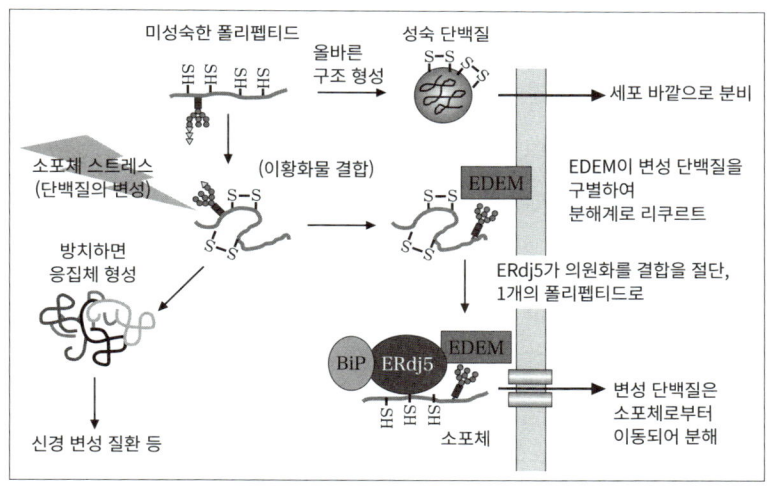

단백질의 품질 관리 기구(소포체 관련 분해): 세포 바깥으로 분비되는 단백질은 소포체라고 불린다. 올바르게 합성되어 올바른 구조를 가지게 된 단백질은 소포체로부터 세포 바깥으로 분비된다. 하지만 모든 단백질이 올바른 구조에 도달하지는 못하며, 또한 모처럼 올바른 구조를 가지더라도 세포에 가해지는 다양한 스트레스에 의해 그 구조가 어그러지는(변성) 경우가 있다. 이와 같은 단백질을 방치하면 여러 병을 불러일으킨다. 소포체 안에서는 몇 개의 단백질(EDEM, ERdj5, BiP 등. EDEM과 ERdj5는 우리 연구실에서 발견한 단백질이다)이 협동하여 이들 변성 단백질을 소포체 바깥으로 옮겨서 분해하는 메커니즘을 가지고 있다.

며 올바른 단백질을 만들어낸다. 이때 단백질이 올바르게 만들어지는 것을 돕는 도우미 역할의 단백질이 존재한다는 것을 1장에서 소개했다. 분자 샤프롱이라는 단백질이 그것이다. 앞서 말한 HSP47도 콜라겐이라는 단백질을 바르게 합성하는 데 필수인 분자 샤프롱이다.

하나의 단백질을 만드는 것은 많은 단백질이 관여하는 엄청난 작업이지만 하나의 세포 안에서는 그 작업이 끊임없이 이어지고 있다. 활발한 세포에서는 하나의 세포 안에서 1초에 수만 개의 단백질이 만들어진다. 눈이 핑핑 도는 세계이지만 당연히 잘못 만들어진 단백질도 나오게 된다. 부품이 부족해 결손품이 생기기도 하며, 모처럼 바르게 만들었지만 발열하는 등 열에너지에 의해 단백질 구조가 왜곡되는 경우도 있다. 이것을 변성이라 부른다. 변성된 단백질을 방치하면 알츠하이머병이나 파킨슨병, ALS(근위축성측색경화증) 같은 신경 변성 질환을 일으킨다.

세포는 단백질을 바르게 만드는 기구일 뿐 아니라 변성된 단백질을 재생하거나 분해함으로써 세포에 장애를 주지 않도록 하는 '품질 관리 기구'도 갖추고 있다. 아직 모든 것이 명확히 해명되지 않았지만 어떤 세포이건 이 품질 관리 기구를 갖추고 있으며 예상치 못한 사태에 대처하면서 세포를 죽음으로부터 지키고 있다.

세포 안에는 세포소기관(오거넬라)이라 불리는 막으로 둘러싸여 특정한 기능을 하는 소구획이 존재한다. 소포체는 분비 단백질 등의 합성에 특화된 오거넬라 중 하나이지만, 거기에서는 단백질이 많이 만들어지므로 그에 호응하여 단백질의 품질 관리 기구도 발달되어 있다.

우리는 20년쯤 전에 소포체에서 단백질 품질 관리 기구에 관여하는 하나의 신규 단백질을 발견했다. 그 기능을 찾는 중에 차례로 그 품질 관리에 관여하는 단백질을 찾아냈고 다른 연구자의 지식도 반영하면서 전반적으로 품질 관리 네트워크를 하나의 그림으로 만드는 데 이르렀다. 20여 년에 걸친 작업이었다. 하지만 이 프로세스를 진행하는 과정에서 언제 이 일이 끝날지 아무도 예상하지 못했고 지금도 완성되었다는 실감은 들지 않는다.

연구자란 언제나 진리를 찾아 움직이는 사람이지만 진리란 자기 혼자 도달할 수 없는 것이기도 하다. 많은 사람이 다양한 반증을 시도하여 결국 반증할 방법이 없다고 판단했을 때 그것이 일단 '현시점의 진리'로 인정받는다. 가설을 세우고 스스로 약점이라고 할 만한 포인트를 찾아 검증한다. 이처럼 가설과 검증의 끝없는 반복 속에서만 진리라고 여겨지는 그림이 보이게 된다.

이것을 '반증 가능성'이라고 하는데 영국의 과학철학자 칼 포퍼가 제창한 설이다. 그는 반증 가능성을 과학의 기본 조건으로 간주하면서 반증 가능성 여부를 과학과 비과학을 가르는 기준으로 삼았다. 그의 설에 따르면 절대적인 진리는 존재하지 않으며, 더는 반증할 수 없게 된 설이나 사실만이 일단 그 시점에서 가장 진리에 가까운 것이라고 말할 수 있다. 시지포스처럼 언제 끝날지 모르는 가설과 검증의 반복은 신체적 고통에서 쾌감을 얻는 마조히스트와 비슷한 면이 있지만 반면 커다란 기쁨이기도 하다.

많은 과학자가 연구에는 끝이 없다거나 이것으로 정상을 밟았다는 실감을 느끼지 못한다고 말하는 것을 들었을 것이다. 그것은 나도 마찬가지다. 끝, 정상이라는 자리는 그 이상의 것이 보이지 않는 장소를 말한다. 하지만 연구나 학문 현장에서는 그처럼 지금 자신이 정상에 서 있다는 실감을 느끼는 일이 거의 없다. 이것은 어떤 의미에서는 운동선수가 언제까지고 자기 능력의 한계에 도전하는 것과 비슷하다.

곧장 납득하지 말 것

옛 동료이자 현재도 내가 있는 JT생명지연구관生命誌研究館의 연구 디렉터로 있는 분자생물학자 요시다 마사스케 씨의 명언이 있다. "어떤 선생이든 세 번 질문을 받으면 답이 궁해진다"는 말이다. 학생이 질문하면 선생이 답한다. 그에 대해 또 한 번 학생이 질문한다. 이것을 세 번 반복하면 제아무리 훌륭한 선생이든 스스로는 답할 수 없는 영역에 발을 들이게 된다는 의미다.

이것은 그야말로 실감하고 있지만 과학에 한정하지 않고 세상 전반에 대해서도 적용 가능한 말이 아닐까. 예를 들어 오키나와 현의 미군기지 문제는 어떻게 생각해야 답을 찾을 수 있을까. 모두가 그대로 방치하면 안 된다고 생각하면서도 해결하지 못한 채 오랜 시간이 흐르고 있다. 오키나와 사람들에게 면목이 없다고 생각하면서도 '그러면 우리 지역으로 옮기자'고 말하는 사람도 없다.

2019년 오키나와현 소재 후텐마 미군기지의 헤노코 매립지 이전을 둘러싼 시민 투표 때 지역 젊은이들이 '생각해도 생각해도 모르겠다'고 말하던 것이 인상에 남는다. '모르겠다'를 계속 품고 있는 것이 중요하다. 실로 우리가 사는 사회에 존재하는 문제는 누군가에게 질문했다고 곧장 답이 주어지지 않는 것뿐이다. 생각하면 할수록 알 수 없는 것들로 가득하다.

실제로 나는 학생들에게 질문에 답하는 상대에게 한 번 더 질문을 되돌리라고 말한다. 한 번으로 납득하지 말라는 의미다. 요즘 학생들은 무척 이해가 빠르며 질문에 한 번 답을 하면 곧장 "네, 알겠습니다"라고 말한다. 상대에게 실례되지 않도록 신경 쓰는 태도인지 몰라도 질문 취지와 다른 답에 애매한 태도를 보이면서도 "네, 알겠습니다." 하고 물러서는 경우가 많은 것 같다.

나를 돌아보며 생각해도 일본인은 토론에서 상대방과 다른 결론으로 끝맺는 데 위화감을 느끼는 경향이 큰 듯하다. 흔히 듣듯이 가령 다민족 국가인 미국인은 애당초 상대방과 자신이 다른 존재라는 전제하에 사람을 대하지만 지역과 커뮤니티의 균질성이 높은 일본인은 다른 사람과 다르다는 데 불편함을 느끼는지 모른다. 토론에서도 결국에는 절충하는 방향으로 흐르기 쉽다. 어딘가에서 절충해 매듭짓지 않으면 그 위화감이 인간관계에 영향을 미칠까 두려운 것일까.

다른 사람의 이야기와 질문에 대한 답을 듣는 사람의 태도에는 두 가지가 있다. 하나는 가능한 한 상대방의 말을 받아들이고 납득하려고 생각하며 듣는 태도, 이른바 배움과 수용을 전제로 듣는 태도다. 학습에 중점을 둔 태도라고 할 수 있다. 또 하나는 상대방의 설명이 그것으로 충분한 설명이 되었는지, 정합성과 합리성을 점검하며 가능하면 스스로 납득하지 않게끔 유념하며 듣는 태도다. 이것은 배움과 물음이라는 의미에서 학문에 기반을 둔 태도라고 할 수 있다. 여기에 비판성이 들어 있는 것은 당연하다.

후자의 방식은 불손하게 받아들여지기도 한다. 인간관계가 원만하게 풀리지 않을 때도 있을 것이다. 하지만 나는 젊은이들이 가능하면 안이하게 납득하지 않기를 바란다. 집요하게 물고 늘어지는 학생이 존재할 때 교사로서 자세를 바로잡음과 동시에 기쁨도 느낀다.

질문을 받는다는 것은 받는 측에서도 커다란 배움의 기회이다. 자신

**젊은이들이 안이하게 납득하지 않기를 바란다.
집요하게 물고 늘어지는 학생이 존재할 때 교사도 자세를 바로잡고 기쁨을 느낀다.**

이 준비한 답에 반론을 당하거나 질문자가 납득하지 못할 때 교사는 일방적인 지식 전달자에서 학생과 함께 생각하는 입장으로 바뀌지 않을 수 없다. 지금까지 하나의 견해밖에 존재하지 않았던 문제였으나 이제 다른 견해가 존재한다는 사실을 의식하거나 다른 논리로 설득하려고 시도한다. 이럴 때 싫더라도 복수複數의 시점을 실감할 수밖에 없으며 이것은 교사만 느낄 수 있는 기쁨의 순간이다. 질문은 질문하는 쪽만이 아니라 질문을 받는 쪽에도 이익을 돌려주는 효과가 있다. 한 번에 납득하는 학생만 있다면 이런 기회도 기대할 수 없다.

공자의 급진적 교육관

초중등 교육뿐 아니라 대학 교육에서도 선생과 학생에게 너무 친절한 것이 아닌가 느낄 때가 있다. 특히 사립대학은 '학생은 고객'이라는 의식이 강하다. 대학을 경영하는 측면에서는 어쩔 수 없겠지만 교사가 학생을 고객으로 간주해 하나부터 열까지 과부족 없이 가르치는 상황은 위험하지 않을까. 달리 말해 '교육은 서비스업인가?'를 생각하게 하는 문제로 받아들여도 좋을지 모른다. 『논어』에 이런 말이 있다.

공자께서 말씀하셨다. 스스로 힘써 분발하지 않으면 굳이 일깨워 밝혀주지 않는다. 표현하려고 진정 애태우지 않으면 말문이 터지도록 일러주지 않는다. 한 모퉁이를 가르쳤는데 나머지 세 모퉁이를 찾아내지 않으면 반복해 가르쳐주지 않는다.

子曰: 不憤不啓, 不悱不發. 擧一隅, 不以三隅反, 則不復也.

(자왈: 불분불계, 불비불발. 거일우, 불이삼우반, 즉불부야.)

유명한 구절이지만 의미는 명확하다. 상대방이 정말로 알고 싶다고 생각하거나 말이 입 밖에 나올 만큼 안달이 나 있지 않으면 가르쳐도 깨달음을 얻지 못한다는 의미다. 실은 '계발啓發'이라는 단어도 이 不憤不啓, 不悱不發에서 유래했다.

'계발'이라는 말에는 상급자가 일방적으로 하급자를 계몽해 가르친다는 뉘앙스가 있지만 실은 알고 싶다고 생각하지 않는 자에게는 가르치지 않겠다는, 오히려 부정적인 부분에 중점을 둔 말이었다. 어디에서 뜻이 바뀌었는지 몰라도 교육이라는 관점에서는 중요한 포인트를 말하고 있다고 생각한다. 상대방이 원하지 않는데도 일방적으로 가르치는 것은 의미가 없다고 공자는 말한다. 그런 강요는 오히려 배움의 의욕을 꺾을 수도 있다. 이른바 주입식 교육의 폐해인지 모른다.

덧붙여 말하자면 '계발' 뒤에 이어지는 공자의 말은 더욱 통렬하다. 네 모퉁이의 한 모퉁이를 가르쳤는데 나머지 세 모퉁이를 추측해 헤아리지 못하는 사람에게는 두 번 다시 가르치지 않는다고 한다. 이는 가르쳐주는 것밖에 배우지 않는 사람에게는 두 번 다시 가르치지 않겠다는 의미다. 물론 요즘 시대에 이렇게 말하면 어떤 학생이건 대학에 오기를 포기할 것 같기는 하다.

안이하게 답을 구하지 않는 것이 중요하다고 했다. 이것은 교사나 부모가 곧장 너무 많은 답을 주지 않아야 한다는 의미이기도 하다. 공자가 말한 대로다. 물으면 곧장 답이 돌아오는 자리에서는 '안다'는 기쁨을 실감할 수 없다. 시간을 들여 물음을 품어야만 답을 알았을 때 진정으로 안다는 기쁨을 느낄 수 있다.

3장과 졸저 『지知의 체력』에도 적었지만 '안다'는 것은 단지 지식을 늘리는 것을 넘어 '이런 것도 몰랐던 자신을 안다'는 데 의미가 있다. '알지 못했던 자신'의 발견은 자연히 지식에 대한 존경심으로 이어진다. 기쁨을 얻을 수 있는 물음의 씨앗을 편하게 따내려 해서는 안 된다. 배움이란 선인이 쌓아올린 지식에 대한 경의의 태도를 배우는 것이기도 하다.

> **물으면 곧장 답이 돌아오는 자리에서는 '안다'는 기쁨을 실감할 수 없다. 시간을 들여 물음을 품어야만 답을 알았을 때 진정으로 안다는 기쁨을 느낄 수 있다.**

비효율적인 체험이
예상외의 대응력을 키운다

내가 대학 시절에 대다수의 일본 대학은 교양 과정과 전공 과정으로 나뉘어 있었다. 교양 과정에 해당하는 대학 1, 2학년 차 2년 동안 전반적인 학문의 기초를 폭넓게 이수했다. '대학 2학년까지는 자유롭게 행동해도 좋다. 대신 폭넓은 학문 분야를 접하고 자기가 좋아하는 수업에 얼굴을 내밀면서 자신의 적성을 찾으라'는 것이 교양 과정의 목적이었다. 이런 프로세스를 거쳐 3, 4학년 차의 학부 전공 과정으로 나아갔다. 우리 시대에는 교양 과정을 마치고 다른 학부로 옮겨가는 학생도 드물지 않았다.

교양 교육, 리버럴아츠는 다양한 학문 분야를 접함으로써 각 분야에서 어떤 방법론으로 학문 연구가 이루어지는지 체험하는 기간이기도 했다. 이과 학생이었던 나는 이 과정에서 문학과 역사, 언어학 등의 과목도 이수했고, 그 과목들은 앞으로 내가 하려는 학문에 딱히 도움이 되지 않았지만 그것 자체로 즐거웠다. 그리고 즐거웠던 것 이상으로 각각의 분야에서 교수님들의 고집 같은 것을 직접 느낄 수 있어 흥미로웠다. 분야는 달라도 결국 대상을 향한 자세는 크게 다르지 않다는 점도 막연히 느낄 수 있었다.

교양 과정이 폐지된 것은 대학 설치기준이 대폭 정비된 1991년 이후다. 나는 이것이 일본의 대학 교육이 타락하게 된 첫걸음이라고 지금도 생각한다. 한시라도 빨리 고도의 기술을 익히게 하고 싶은 문부과학성의 방침에 따라 국립대학 대다수는 교양 과정을 없앴고, 입학 후 바로 전공 과정으로 나아가는 시스템으로 바뀌었다. 그 배경에는 효율주의가 있다. "자유롭게 노는 '것처럼 보이는' 교양 과정을 폐지하고, 장래에 도움이 '될 것 같은' 전공 지식을 빠르게 익히게 한다. 기업을 위해 즉시 전력을 키우고 싶다"는 국가의 정책으로는 유익할지 몰라도 나 개인적으로는 절대 그렇지 않다고 본다.

장래 과학 연구자가 되려는 학생에게 우선 가르쳐야 하는 것은 '과학적 사고란 무엇인가' 하는 점이다. 앞서 말했듯이 비교를 위한 대조를 어떤 식으로 설정해야 하는가도 실천적으로 중요하지만 그보다 어떤 식으로 가설을 세우고 검증해야 하는지, 어떤 실험을 하면 좋은지, 나아가 결과를 어떤 식으로 해석하고 반증을 생각해야 하는지 등 과학적 사고의 기본을 전해야 한다. 이를 접한 적 없는 상태에서 전공 지식을 주입한다면 백해무익하다고 할 수밖에 없다.

이런 기초 훈련을 받지 않은 '전문가'는 다양한 장면에서 예상 밖의 사건과 맞닥뜨렸을 때 어떻게 대처해야 하는지 훈련이 되지 않은 것과 마찬가지다. 자신의 전공 지식으로 대처할 수 없는 사태를 만났을 때 유일하게 의지할 것은 '과학적으로 생각한다는 것은 무엇인가'라는 기본적인 자세이다. 스스로 갖고 있는, 타 분야를 포함한 잡다한 지식을 총동원하는 수밖에 없다. 한 분야의 지식밖에 익히지 않은 사람은 예상 밖의 사건에 대응하는 데 한계가 있다. 지식의 서랍을 풍부하게 갖추는 것이 중요하다. 그런 서랍이 많아야만 상상력과 창조력을 일으킬 수 있다.

실패에 도전한다

너무 많이 가르치지 않는 것이 중요하다는 점을 앞서 말했지만 덧붙이자면 대학과 같은 고등교육에서는 실패를 배우게 하는 것이 중요하지 않을까 생각한다.

이과 과목에는 고등학교의 이과 실험, 대학의 생물학, 화학, 생명과학 실험 등 실험의 기초 방법을 배우는 시간이 많이 잡혀 있다. 대부분 자세하게 수법을 설명하며 시약을 더하는 순서 등 친절하고 정중하게 실험의 프로토콜이 적혀 있다. 많은 경우 방법을 배우는 장이기에 어쩔 수 없다고는 하지만 학생이 하는 일은 고작 적힌 순서대로 적힌 시약을 적힌 분량만큼 더하는 것뿐이다. 많은 경우 각 반으로 나뉘어 실험을 진행하지만 거의 모든 반에서 같은 결과가 나온다. 만약 그렇지 않다면 적힌 내용과 다르게 시험했기 때문일 뿐이다.

이것은 '실패'이기는 하지만 연구의 장에서 일어나는 '실패'와는 완전히 다르다. 적힌 대로 하면 제대로 풀릴 실험인데 그것을 잘못했기에 제대로 풀리지 않았을 뿐이다. 어떤 의미에서는 부주의에 따른 실패다. 이런 실패는 칭찬받을 일이 아니다. 이런 실패밖에 경험하지 못한 학생은 실제 연구의 장에서 제대로 풀리지 않았을 때 그 '실패'를 자신의 잘못으로 여기게 된다. 누구나 경험할 만한 필연적 '실패'를 경험하지 않았기 때문이다.

하지만 실제 연구 현장의 실패는 아무도 답을 알지 못하는 문제에 대한 도전이다. 실패하는 것이 당연하다. '실패'라기보다 생각대로 결과가 나오지 않은 것에 가깝다. 그런 일은 당연히 있을 수 있다고 생각하고, 예상한 결과가 나오지 않은 이유를 함께 생각하며 토론한 뒤 다음 실험을 계획한다. 이런 프로세스야말로 연구의 현장이다.

이때 실패에 대한 내성이 없는 연구자는 실패가 연속되는 과정을 견디지 못하는 것을 종종 본다. 자신의 능력을 부끄러워하는 것을 넘어 제대로 풀리지 않는 데이터에 매일 매달리는 것을 견디지 못하는 것인지 모른다. 이런 경향은 지금껏 성공 체험밖에 한 적이 없는 학생에게 더욱 두드러진다.

손재주나 방법론을 가르치는 실습 강의에서 이처럼 당연히 일어날 법한 실패의 프로세스를 반영하는 실험을 디자인하기란 무척 어렵다. 하지만 어딘가에서 '필연적인 실패'를 경험하게 해 그로부터 다시 일어서는 체험을 도입하는 편이 좋지 않은가 생각한다.

실사회에서 실패란 기본적으로 허용되지 않는다. 실패하면 사죄하고, 두 번 다시 하지 않겠다고 자신을 다잡는다. 하지만 유일하게 실패가 허용되는 세계가 있다면 연구의 세계, 과학의 세계다. 나는 오히려 '실패하지 않는 과학'을 해서는 안 된다고 말해왔다.

실패를 실패인 채 내버려두면 아무 의미나 가치도 없지만 실패의 의미를 생각하다 보면 예상치 못한 발견이 생겨난다. 인간의 상상으로 이렇게 될 거라는 생각으로 임한 실험에서 예상대로의 결과가 나왔다 해도 그것은 어차피 예상했던 사실이고 뻔한 내용이다. 자연의 경이는 우리가 상상으로 임한 실험의 틀을 벗어난 부분에서 모습을 보이는 법이다.

실패가 두려운 나머지, 뻔히 결과가 보이는 안전한 실험을 하는 것이 아니라, 알고 싶다는 마음을 무엇보다 우선해 그에 담대하게 임한다. 나는 이것을 '실패에 도전한다'라고 부른다. 실패에 도전하는 것이 허용되며 오히려 권장되는 유일하고 신기한 분야가 과학이라는 세계이며 과학자라는 직업인지 모른다.

> 유일하게 실패가 허용되는 세계가 있다면 연구의 세계, 과학의 세계다. 오히려 '실패하지 않는 과학'을 해서는 안 된다.
> 실패의 의미를 생각하다 보면 예상치 못한 발견이 생겨난다.

다른 사람의 일을 내 일처럼 재미있어하는가

나는 2010년 교토대학 퇴직 때와 2020년 교토산업대학 퇴직 때 두 번의 최종 강의를 했다. 교토산업대학의 최종 강의에는 이 책의 공저자인 오스미 요시노리 씨와 도쿄도 의학종합연구소 이사장인 다나카 게이지田中啓二 씨도 참석해 같이 대화를 나눴다. 그 자리에서 나는 '나가타연구소의 가훈'이라는 것을 마지막으로 말했다. 잠깐 그 항목을 말해보면 이렇다.

1. 다른 사람의 일을 내 일처럼 재미있어하는가
 - 질문할 수 있도록 다른 사람의 이야기를 듣는다

2. 여러 가능성이 있다면 가장 재미있는 가능성부터 선택한다
 - 확실한 한 걸음을 내딛기 위해 가능한 먼 곳을 본다

3. 자신이 있는 장소만이 세상이라고 생각하지 않는다
 - 자신의 가능성을 자신이 측정하지 않는다

4. 내가 만난 뛰어난 과학자는 예외 없이 재미있었다
 - 서로 신뢰하고 존경할 수 있는 동료와의 만남

글만 보면 '재미있다'만이 눈에 들어오지만 그야말로 '재미있다'라는 하나의 포인트가 지금껏 나를 과학의 세계에 붙들어 매었다고 해도 좋다. 최종 강의의 제목도 '재미있는 것을 선택해 살아온 40년'이었다. 더는 쓸 공간이 없기에 여기서는 첫 번째 항목만 마지막으로 논해보고자 한다.

3장에서 '토론이야말로 과학의 기본이며, 토론하는 시간이야말로 연구자의 가장 큰 기쁨'이라는 취지로 말했다. 이것은 그야말로 내가 실감한 바다. 그리고 다행스럽게도 우리 연구실에서는 모두가 적극적으로 토론에 참여하고 있다.

과거에는 나도 젊었고 성미가 급했기에 1년에 몇 차례 연구실에서 크게 폭발하고는 했다. 대개 성과 발표회의 경과보고 자리였다. 나는 모처럼의 결과 발표에서 학생들로부터 질문이 나오지 않으면 폭발하고는 했다. 다행히 탁상을 뒤엎지는 않았지만 책상을 두드리며 "연구 따위 그만둬" 같은 말을 내뱉고는 방을 나가버린 적도 있다.

몇 번 그런 일이 있은 뒤 가령 다른 사람의 발표라도 적극적으로 질문하고 토론하는 분위기가 연구실의 전통으로 조금씩 자리 잡았다. 각종 학회에서 우리 연구실 학생들이 눈에 띄게 질문하는 것을 보며 내심 '잘됐군, 잘됐어'라고 자주 생각했다.

다른 사람의 발표에 질문한다. 질문이 없다는 것은 이해하지 못하거나 흥미가 없거나 둘 중 하나다. 이해하지 못한다면 왜 못하는지, 발표자에게 문제가 있는지 아니면 자신의 지식이 부족한지 그것을 확인하기 위해서도 질문을 해야 한다.

문제는 흥미를 갖지 못하는 것이다. 연구자라면 누구나 자신의 일은 재미있다고 생각한다. 하지만 연구자가 되고 싶다면 다른 사람의 일을 자기 일처럼 재미있다고 느껴야 한다. 그러지 못하면 연구자에 어울리지 않는다고 나는 연구실의 젊은이들에게 말해왔다. 그 생각에는 지금도 변함이 없다.

다른 사람의 일을 자기 일처럼 받아들이고 생각하면 발표를 듣고 질문이 없을 수 없다. 실험의 세세한 조건 등이 당연히 신경 쓰일 테고, 대조가 바르게 설정되었는지, 결과의 해석은 발표자가 말하는 것으로 충분한지, 다른 사고방식이나 해석 방법은 없는지 등 묻고 싶은 것이 얼마든지 있을 것이다. 나아가 '나라면 이런 식으로 실험을 계획할 텐데'라거

> **연구자가 되고 싶다면 다른 사람의 일을 자기 일처럼 재미있다고 느껴야 한다. 다른 사람의 연구에 대한 호기심이 과학 연구자를 움직이는 큰 힘이다.**

나 '이렇게 재미있는 가능성이 있지 않은가' 등의 토론이 나오면 더할 나위 없다. 사실 우리 연구실의 발표회에는 발표가 30분 있으면 거의 한 시간 이상 토론이 이어진다. 어쩌면 그 토론을 가장 즐기는 것은 나인지 모른다.

자신의 일에는 흥미가 있지만 다른 사람의 일에 흥미를 갖지 못하는 사람은 가혹한 연구 현장에서 견디기 어렵다. 왕성한 호기심으로 다양한 문제에 흥미를 갖는 것이 연구자와 학자에게 무엇보다 필요한 자질이다. 자신의 일이 잘 풀리거나 반대로 슬럼프에 빠져 성과가 나지 않으면 자신의 일에만 신경 쓰게 되어 그것에만 열중하게 된다. 다른 사람의 연구에 대한 호기심이 우리 연구자를 움직이는 큰 힘이라는 점을 실감하고 있다.

무엇 때문에 연구를 하는가. 사회적으로 멋진 표현을 쓰자면 '사회에 도움이 되는 연구를 하고 싶다, 과학기술 발전에 기여하고 싶다, 원인을 모르는 병을 극복하는 데 공헌하고 싶다' 등 다양한 이유를 생각할 수 있을 것이다. 물론 이 이유들은 올바른 것이며, 어떤 의미에서 '도움이 되는' 연구는 우리처럼 공적 연구비를 지원받아 연구하는 사람이라면 당연히 의식해야 하는 문제이다.

하지만 연구자로서 오랜 경력을 가진 나의 경우 '도움이 되고 싶다'는 동기에서 연구 주제를 택한 적은 거의 없었다. 내가 발견한 콜라겐 특이적 분자 샤프롱 HSP47은 지금은 결정적인 치료법이 없는 간병변, 폐섬유증 등의 섬유화 질환의 유망한 타깃이 되었지만 이것은 1장에서 말했듯이 애초에 그런 목적으로 시작한 것이 아니었다. 지금 도움이 되고 있는 것은 어디까지나 결과이다.

Curiosity-driven이라는 말이 있다. '호기심 때문에 움직인다'고 번역할 수 있다. 그렇다. 많은 연구가 연구자의 질리지 않는 호기심이 추동해야 진전되며 그런 가운데서야 눈에 띄는 비약이 이루어진다. 거의 모든 기초 연구가 호기심에 촉발되어 이루어진다고 단언해도 좋다.

'나가타연구소의 가훈'에서 말한 '다른 사람의 일을 내 일처럼 재미있

'7인의 사무라이' 강연회 후 료칸에서 회식 전에. 뒷줄 왼쪽부터 이토 고레아키(도쿄대학 명예교수), 오스미 요시노리, 앞줄 왼쪽부터 후지키 유키오(규슈대학 명예교수), 요시다 마사스케(도쿄공업대학 명예교수), 미하라 가쓰요시(규슈대학 명예교수), 다나카 게이지(도쿄도의학종합연구소 이사장), 그리고 나가타. 중앙의 '7인의 사무라이 좌석'이라는 문구와 이미 술병을 들고 있는 이토 씨에게 주목.

어하는가'란 곧 호기심을 갖느냐의 여부가 연구자의 기준이라는 점을 말하고 있다. 과학자이든 아니든 내가 '이상한 녀석'을 좋아하는 이유는 그들은 대개 몸 전체가 호기심으로 가득 찬 게 아닐까 여겨질 정도로 재미있기 때문이며, 그런 녀석과 사귀다 보면 나의 호기심이 자극받아 점점 열리는 것을 느끼기 때문이다.

자신은 호기심이 약하다며 한탄하는 사람도 있다. 하지만 처음부터 호기심으로 충만한 사람은 많지 않다. 다양한 사람과의 만남 중에는 점차 호기심이 시들어버리는 만남도 있지만 반대로 자신으로서 생각지도 못한 호기심을 자극해 활성화하는 만남도 있다. 호기심이란 결코 타고나는 것이 아니다.

내게는 세간에서 '7인의 사무라이'라고 불리는 과학자 친구, 동료가 있다. 공저자인 오스미 씨나 앞서 말한 다나카 씨, 요시다 씨 같은 동세대 친구다. 모두 70세가 넘은 노인이지만 그들의 왕성한 호기심을 보는 것만으로 이런 동료를 얻은 것이 행복하다는 생각이 든다. 젊은이들이 자신의 호기심을 촉발시키는 친구를 얻고자 노력했으면 한다. 앞서 말한 '나가타연구소의 가훈'을 전부 논할 여유는 없지만 각각의 짧은 문구를 마음껏 상상의 나래를 펼쳐가며 독자 여러분이 생각해주면 더할 나위 없겠다.

처음부터 호기심으로 충만한 사람은 많지 않다. 다양한 사람과의 만남 중에 생각지도 못한 호기심을 자극할 수 있다. 호기심이란 결코 타고나는 것이 아니다.

though
6장

과학을 문화로

오스미 요시노리

과학을 가깝게 느끼기 위해

나는 다양한 기회가 있을 때마다 "과학을 문화의 하나로 인식하면 좋겠다"고 말한다. 이 장에서는 이 말의 의도에 대해 이야기하고 싶다.

최근 젊은이들로부터 "취미가 무엇인가요?"라는 질문을 종종 받았다. 직업과 별개로 인간이 살아가는 데 취미가 필요하다고 생각하기 때문일까. 아니면 상대방이 어떤 사람인지 중요한 단서를 알 수 있다고 생각하기 때문일까. 딱히 내세울 취미가 없는 나로서는 그닥 달갑지 않은 질문이다. 음악과 그림 감상은 좋아하지만 없으면 안 될 정도는 아니다. 악기를 연주하거나 그림이나 문자로 자유롭게 자기표현을 할 수 있었다면 나의 인생이 얼마나 더 풍부하고 즐거웠을까 상상해보기도 한다.

하지만 내게는 음악이나 그림의 재능도 없고 문장을 쓰는 것도 어려워서 시를 써서 발표할 능력도 없다. 스포츠는 더욱 재능이 없다는 사실을 어렸을 때 싫을 정도로 맛보았다. 노력하고 도전하지 않았기 때문이라고 할지 모르지만 이것만큼은 내가 가장 잘 알고 있다. 나의 유소년기는 전쟁이 끝나고 아직 빈곤한 시절로 중요한 성장기에 영양이 부족해서 무언가 소중한 것을 키우지 못했다고 내 식대로 생각하고 있다. 현실 세계와 거리를 두고 취미만으로 살아가는 사람도 있겠지만 그것만으로는 지금 사회가 품고 있는 커다란 문제를 해결하는 힘은 생겨나지 않는 것 아닐까.

현대는 모든 것을 경제적 지표로 평가하는 풍조가 만연하지만 인간은 경제 효율만으로 행동하지 않는다. 실은 누구나가 문화란 인간의 소중한 재산으로 사회의 풍족함을 측정하는 데 중요한 지표라고 생각한다. 하지만 지금 일본에서 문화를 얼마나 중요하게 인식하며 모든 사람이 문화를 일상의 가까운 존재로 느끼는지는 의문이다.

작년 1월에 처음으로 러시아를 방문할 기회가 있었다. 학창 시절에 러시아문학을 닥치는 대로 읽은 적도 있어 동경하는 나라 중 하나였지만, 소련 시절의 다양한 뉴스도 있었기에 자유롭고 풍족하다는 이미지는 품고 있지 않았다. 하지만 안내받은 모스크바대학에는 역사 깊은 커다란 건물과 훌륭한 강당이 잘 보존되어 있었고 대학 박물관의 훌륭함에도 감격했다. 러시아에서 이 대학이 역사 속에 제대로 자리 잡고 있다는 것을 알기에 충분했다. 모스크바 체류 중 갑자기 티켓을 구해 음악회에 가게 됐는데 음악회장의 분위기를 통해 모스크바 시민들에게 콘서트가 얼마나 가까운 존재인지 느꼈다. 극장과 발레 시설이 시내 도처에 있

러시아 아카데미에서의 인사(모스크바)

는 점에도 놀랐다.

안타깝게도 짧은 방문이 된 상트페테르부르크의 에르미타주미술관은 복원과 보존을 위해 많은 사람이 일하고 있었고 문화재를 소중히 여긴다는 사실을 알 수 있었다. 미술관 안에서 초등학생 아이들이 선생처럼 보이는 사람을 중심으로 그림 앞에 둘러앉아 열심히 토론하고 있었다. 이런 나이의 아이들이 도대체 무슨 토론을 하는 것일까. 실은 이런 광경은 유럽에서는 드물지 않다. 일본이라면 음악회나 연극, 발레 등은 티켓 요금도 비싸고 큰마음 먹고 방문해야 하는 이미지다. 일본의 미술관에서는 아무 말 없이 조용히 감상하는 것이 당연하며 아이들이 그림 앞에 앉아 토론하는 장면을 만나기도 어렵다. 이런 차이를 눈으로 보면서 러시아에서는 문화 활동이 시민의 일상에 녹아들어 제대로 뿌리내리고 있음을 피부로 느꼈다.

벌써 5년 전의 일이지만 노벨상 수상식을 위해 방문했던 스톡홀름에서의 1주일 동안에도 인상 깊은 체험을 했다. 오후 3시 무렵에 어두워지는 12월의 스톡홀름은 오래된 거리 풍경의 차분한 마을이었다. 노벨상 발표 주간 Nobel Week에는 수상자를 한 사람씩 소개하는 1시간짜리 TV 프로그램이 방영된다. 그렇기에 스웨덴 취재반이 사전에 오이소大磯에 있는 우리 집에도 찾아왔다. 유소년기의 성장 내력부터 현재의 일상생활과 통근에 대해서까지 다양한 질문을 던졌다. 돌아갈 때는 인터뷰에 동행한 여성이 현관 앞에서 엄숙한 가곡을 주변에 울릴 정도의 목소리로 불러준 것에 놀랐다.

내가 1945년생이기에 방송은 원폭 투하 이야기에서 시작해 어릴 적 사진을 비춘 뒤 오토파지 연구에 이른 경위를 소개했다. 한나절 대학에도 와서 연구실 풍경을 녹화했다. 그 방송이 스웨덴에서 방송되었기 때문인지 스톡홀름 시내를 걷던 중에 아주머니나 일반인들이 말을 걸어왔다. "텔레비전에서 봤어요. 멋진 연구를 하시더군요." 과학에 대한 스웨덴 사람들의 존경심이 피부로 느껴졌다. 과학적인 내용에서 벗어나 그저 소란을 피울 뿐인 일본의 매스컴 보도와는 큰 차이가 있다. 100년 넘는 역사를 자랑하는 노벨상을 통해 스웨덴에서는 과학이 일반 시민과 가까운 존재가 되어 있다는 사실을 느꼈다.

끝이 없는 가설과
검증의 사이클

전 세계를 혼란에 빠뜨린 코로나19는 과학의 존재 방식을 비롯해 실로 많은 문제점을 부각시켰다. 단기간에 코로나19 자체는 물론 감염 기구와 치료법에 관한 연구가 전 세계에서 엄청난 속도로 이루어졌다. 바이러스의 유전자 정보를 바탕으로 하는 메신저 RNA 백신이라는 획기적인 기법이 불과 1년 만에 실용화된 것은 국제간 협력 방식 등 다소 불충분한 면은 있지만 인류의 지혜가 발휘된 성과다.[01]

반면 코로나19와 관련해 세계 각지에서 과학적인 면이 경시된 언동이 위험하다는 점도 명백해졌다. 과격한 표현이나 단순한 캐치프레이즈 등 사실을 인정하지 않는 맹목적인 행동에 나서는 위험성도 명백히 드러났다.

최근 1년 반 매일 반복되는 미디어의 코로나19 보도 방식은 물론, 정확한 설명을 하지 않는 정부의 태도에도 많은 사람이 불편함을 느꼈을 것이다. 어떤 일이든 서로 다른 각도에서 다양한 의견이 나오는 것은 중

---

[01] 2023년 노벨 생리학·의학상은 코로나19 예방을 위한 메신저리보핵산(mRNA) 백신 개발에 기여한 헝가리 출신의 커털린 커리코 바이오엔테크 수석 부사장과 드루 와이스먼 미국 펜실베이니아 의대 교수에게 돌아갔다. 스웨덴 왕립 카롤린스카연구소는 "수상자들은 mRNA가 우리의 면역체계와 어떻게 상호작용하는지에 대한 이해를 근본적으로 바꾸는 데 기여했으며, 이 획기적인 발견을 통해 인류 건강에 가장 큰 위협이 되는 시기에 전례 없는 속도로 백신 개발이 이뤄지는 것을 도왔다"고 설명했다. (편집자)

요하지만 여러 '전문가'가 제대로 된 근거도 없이 자신의 설을 논하는 것은 문제다. 발언의 배경이나 주장의 근거가 되는 객관적인 데이터가 제시되는 일도 많지 않다. 미디어는 평가를 피하는 것이 일상화되어 있다. 특정 의견과 그에 반대되는 의견을 병렬적으로 언급함으로써 얼핏 공정성을 담보하는 척하는 것이다. 정보는 넘쳐날 만큼 제공되지만 일반인은 무엇을 어떻게 이해하면 좋은지 혼란이 깊어진다. 결과적으로 온갖 의견이 상대화되어 진실이 무엇인지 알기 어렵다고 생각하게 된다.

이런 경향이 젊은 세대에게 영향을 끼치고 있음은 틀림없다. 4장에도 적었지만 설문조사에서 "잘 모르겠다"고 답하는 사람이 많다는 이야기와 공통되는 부분이 있다. 자신의 의견을 표명하는 것을 두려워하는 것이다.

국가 연구기관에서 일하던 친구가 이전에 이런 이야기를 해준 적이 있다. 연구소나 국가의 프로젝트 방침을 결정하는 중요한 회의를 몇 차례에 걸쳐 개최한다. 1회 차에 자신의 의견을 말하면 모두가 감탄하며 들어준다. 하지만 2회 차, 3회 차에 같은 말을 하면 "또야?"라는 분위기가 되며 몇 차례 회의 후에는 미리 준비된 결론으로 귀결되어 버린다는 것이다. 그저 평행선을 걷고만 있는 국회의 발전 없는 질의를 봐도 4장에서도 논한 토론의 방식과 중요성이 아직 우리에게 자리 잡지 못한 것이 아닐까.

과학의 세계에서는 기존의 지식과 이론을 바탕으로 하나의 답(가설)을 상정한다. 다음으로 그것을 증명하는 방법을 생각한다. 하나의 문제에도 그에 접근하는 방식은 실로 다양하며 어떤 것이 올바른 답에 이를지 알 수 없다. 최초로 상정한 답이 옳다고도 단정할 수 없다.

과학의 세계에서 가장 중요한 것은 검증하는 과정이 존재한다는 점이다. 얻은 결과(데이터)를 바탕으로 하나의 결론을 낸다. 커다란 문제일수록 그 결론은 많은 사람에 의해 곧장 검증되어 정설이 된다. 잘못되었다면 수정되며 때로 결론 자체를 부정하는 일도 있다. 다양한 면이 모순 없이 설명될 때까지 사이클을 반복해 더 올바른 답에 다가간다. 나아가 과학의 세계는 일단 어느 정도 올바르다고 여기는 답이어도 이후 그 이론으로 설명할 수 없는 사상이 발견되어 새로운 전개가 시작되는, 끝이 없는 세계다.

사회적인 과제도 마찬가지로 사회과학을 통해 해명되어야 할 것이다. 물론 사회과학은 자연과학의 대상보다 복잡한 다수의 요인이 얽혀 있으므로 훨씬 어려울 것이며 방법론도 아직 확립되지 않았다. 자연과학 연구자가 행하는 것처럼 하나의 조건만 바꿔 실험하는 것도 불가능하다. 하지만 어느 쪽이든 중요한 것은 하나의 결론을 얻기 위해서는 근거가 되는 데이터를 제시해야 한다는 점이다. 그럼으로써 결과를 분석, 평가해 검증할 수 있으며 다음 제언에 반영해 나갈 수 있다.

오늘날 과학의 역할

내가 아이였을 때 우리가 사는 지구는 거의 무한하다고 생각될 정도로 컸다. 그 후 기술의 진보를 통해 교통수단과 통신기술이 혁신되어 인간의 행동 범위가 비약적으로 넓어지면서 상대적으로 지구는 작아졌다. 지구상의 어디든 짧은 시간에 갈 수 있고 지금은 전 세계의 정보가 순식간에 도달한다.

내가 어렸을 무렵에는 때로 태풍이 오긴 했지만 커다란 홍수나 지진을 경험하지 못했고 대지는 흔들림 없는 부동의 존재라고 생각했다. 하지만 인간의 활동이 확대되면서 오늘날에는 지구온난화, 기후변동, 지진과 태풍 등 자연재해도 매년 거대화되고 있다. 이전에는 문제되지 않던 해양 오염, 플라스틱 쓰레기 등에 의한 환경 파괴 문제도 있다. 많은 생물종이 절멸함으로써 지구상의 생물다양성도 손상되고 있다. 석유뿐 아니라 인간이 이용할 수 있는 모든 자원에는 한계가 있으며, 우리가 사는 지구는 무한한 복원력을 갖지 못하고 유한하다는 점을 좋든 싫든 실감한다. 지구적 규모의 이들 문제는 인류가 해결해야 하는 시급한 과제다.

또한 첨단 의료와 그에 얽힌 생명윤리 문제, 나아가 AI 등의 최첨단 기술이 가진 가능성과 미래사회의 바람직한 모습, 부의 편재, 빈부격차의 심화 등 인류의 미래를 좌우하는 과제는 어느 것이든 과학과 기술이 진보하면서 생긴 것이다. 감염병 극복은 인류의 오랜 과제이지만 이번 코로나19가 확산된 원인 중 하나는 틀림없이 오늘날 인간 활동의 확대에 있다.

인간의 활동이나 과학의 진보를 원래대로 되돌리기란 불가능하다. 그러므로 이 문제는 사회과학을 포함한 과학의 종합적인 발전 없이는 해결할 수 없다. 이를 위해 중요한 것은 과학을 우리의 손이 닿지 않는 곳에서 과학자들만이 하는 것으로 생각하지 말고 우리들의 미래에 관한 일로 파악하는 일이다. 분명 급속히 진보해온 과학을 그 세부까지 이해하기란 과학자라 해도 불가능하다. 하지만 과학도 인간 활동의 일부라는 점을 인식하고 역사적으로 파악하며 이해하려는 시도가 필요할 것이다.

우선 과학이란 무엇인지 생각해보자

오랜 기간 일본에서는 과학과 기술은 하나라고 파악했으며 '과학기술'이라는 한 단어로 표현했다. 아울러 과학은 기술의 발전을 위한 기초라는 생각이 정착되어 있다.

하지만 과학(사이언스)은 기술(테크놀로지)과 명백히 다른 개념이다. 과학은 자연이 가진 구조와 원리, 법칙성에 관하여 인류가 축적해온 지식 체계로서 '발견'이라는 말로 표현된다. 따라서 과학은 미지의 과제에 대한 예견성을 지닌다. 한편 기술은 인류의 복지나 편리성에 공헌하는 인공물의 창조에 관한 지식 체계이며 '발명'이라는 말로 표현된다. 과학에 의한 지식이 인류가 공유하는 성격을 갖는다면 기술은 발명자에게 이권이 생긴다. 뉴턴의 고전역학 체계나 아인슈타인의 상대성이론이 과학의 예라면 증기기관과 컴퓨터는 기술에 속한다고 할 수 있다.

최근 과학의 진보가 단기간에 새로운 기술을 빚어내는가 하면 기술의 진보가 새로운 과학의 세계를 개척하는 등 양자의 상호관계가 긴밀해지면서 그 경계도 모호해지고 있다. 하지만 과학과 기술이 엄연히 '다른 것'이라는 인식은 매우 중요하다. 왜냐하면 과학의 가치를 '어디에 도움이 될까'의 관점에서만 평가하는 풍조가 뿌리 깊은 일본에서는 그런 풍조에 대항하는 데 이런 시점이 매우 중요하기 때문이다.

경제적인 풍족함은 분명 중요하지만 앞서 말한 것처럼 모든 인간 활동을 경제적인 지표로 측정할 수 없다는 점은 분명하다. 그런데 과학에

> **과학과 기술은 명백히 다른 개념이다. 과학은 '발견', 기술은 '발명'이라는 말로 표현된다. 기술은 발명자에게 이권이 생기지만 과학의 발견에 의한 지식은 인류가 공유하는 성격을 갖는다.**

관한 이야기가 되면 갑자기 '어디에 도움이 되는가'라는 질문이 나온다. 어째서일까?

대학원생들로부터 이런 이야기를 자주 듣는다. 집에 돌아가 자신의 연구 이야기를 하면 부모님이 "그건 어디에 도움이 되는 거야?" 하고 질문한다고 한다. 과학은 무조건 도움이 되어야 한다는 생각을 말로 표현한 것이리라. 학생이 여기에 적확하게 답하기란 무척 어려우며 그렇기에 자기 연구에 대한 고민이 생긴다. 학생 자신도 자신이 하는 연구의 의의나 사회에서의 역할을 생각할 기회는 거의 없다.

과학과 기술을 하나처럼 여기는 일본에서는 "도움이 되는가, 되지 않는가의 관점으로 과학을 측정할 수 없다"고 해도 와 닿지 않는 사람이 많을 것이다. 그렇다면 최근의 소행성 탐사선 하야부사의 쾌거는 어떤 식으로 느낄까. 많은 사람이 지구의 기원을 더듬는 커다란 첫걸음으로 우주 탐사의 꿈을 펼치는 일이라며 두근거리며 감동하지 않을까.[02] 노벨상 수상 소식이나 새로운 과학 발견에 감동하기도 한다. 그 대부분이 우리 생활에 직접 도움이 되지 않지만 많은 사람이 기쁨을 느낀다.

나는 들판이나 길가의 식물을 좋아하며 그저 바라보는 것만으로 즐겁다. 하지만 식물의 이름을 알고 잎과 꽃의 형태를 가만히 관찰하는 가운데 그것이 작은 식물이 살아남기 위한 수단과 연관되어 있다는 점을 알면 그 정교한 전략과 생명의 신비에 경이로움을 느낀다. 식물을 통해

---

[02] 일본의 소행성 탐사선 하야부사2(송골매라는 뜻)는 2014년 지구를 떠나 약 32억km를 비행해 2018년 6월 소행성 류구에 도착한 뒤 2020년 12월에 지구에 귀환했다(편집자).

세상을 보는 눈이 풍부해진다고 언제나 느낀다. 이것 역시 실생활에 도움이 된다거나 경제적인 이익과는 전혀 무관한 일이다. 과학적인 지식을 가짐으로써 시야가 넓어지고 인생은 풍부해진다.

평소 별생각 없이 사용하는 도구도 그 원리나 구조를 이해하면 기쁨이 일어난다. 이것은 아이들이 "어째서?" "어떻게 된 거지?"라며 질문하는 행위와 다르지 않다. 과학은 인간이 태어나면서부터 가진 '알고 싶다'는 욕구와 지적 호기심에서 비롯한다. 그런데 아이 무렵 가졌던 다양한 질문이 중고등학교에 진학하고 나이가 들며 점차 사라지고 의문조차 품지 못하는 경우가 많다. 이래서는 어른이 되어 인간이 가진 소중한 본성을 잊어버리는 것이 아닐까.

과학의 가치도 예술이나 스포츠와 마찬가지로 '도움이 되는가'의 관점에서만 볼 것이 아니라 미지의 것에 대한 규명을 인류의 공통 자산으로 순수하게 즐기는 사회이면 좋겠다. 이것이 내가 '과학을 문화의 하나로 바라보자'고 생각하는 참된 의미다.

과학과 기술의 평가에는 시간이 걸린다

과학의 진보가 오늘날 지구상에서 인류라는 종의 번영을 불러온 것은 틀림없는 사실이다. 따라서 과학이 국가의 발전과 번영에 중요하다는 인식에서 국가사업의 하나로 자리매김하고 있다. 나는 이미 반세기에 걸쳐 기초생물학 연구에 가담해왔다. 불과 얼마 전까지 긴 시간 동안 기초적인 과학 연구는 국가가 지탱하는 것이라고 생각했다. 학창 시절에는 산학협동은 과학의 발전을 왜곡한다며 반대했다. 실제로 지금까지 내 연구는 거의 모든 연구비가 국가지원금으로 이루어졌다. 이 점에서는 나는 정말 좋은 시대를 보낸 혜택 받은 연구자였다고 생각한다.

하지만 지금 일본의 기초과학은 커다란 위기 상황에 빠져 있다. 당장은 출구가 보이지 않는다. 응용 연구와 관련되지 않은 기초과학은 좀처럼 연구비를 얻을 수 없다. 기초연구에 관여하는 연구자의 수가 줄었고 기초과학에 관한 젊은 세대의 관심도 줄고 있다. 내가 젊었을 때는 "도움이 되는가 어떤가는 생각하지 않는 것이 자연과학이다"라고 말했지만 최근에는 그렇게 말하면 학생들이 반대로 "국가의 돈으로 도움이 되지 않는 일을 해도 좋은가요?"라고 되묻곤 한다.

물론 과학이 커다란 사회 변혁의 원동력이 되어왔다는 점은 명백한 사실이며 "도움이 되지 말라, 도움이 되는 일을 하지 말라"고 말하는 것은 아니다. 하지만 '도움이 된다'는 표현을 너무 안이하게 사용하기보다 그 의미를 진지하게 생각해볼 필요가 있지 않을까.

많은 학생이 생각하는 '도움이 되어야 한다'는 관점은 사회에 나가 몇 년 안에 사회에 실용화할 수 있는 제품을 만들 수 있는가 여부를 말하는 듯하다. 이것은 그야말로 지금까지 많은 기업에서 추구해온 것과 똑같은 목표다. 그러나 혁신적인 기술이 개발되기까지는 긴 시간에 걸친 기초 연구가 필요하다. 가령 오늘날 가장 뜨거운 화제인 코로나19에 관한 메신저 RNA 백신 개발의 경우, 완전히 새로운 강력한 기술이 불과 1년 만에 개발된 것처럼 보여도 실은 그에 앞서 10년 정도의 기초연구가 있었다는 것이 엄연한 사실이다. 수년 만에 개발된 것의 대다수는 수년 만에 대체되어 버린다. 얼핏 훌륭하다고 여기는 기술과 제품이 수년 후에

내가 오토파지를 연구한 이유는 '도움이 되어야 한다'는 목표 때문이 아니었다. 눈앞에 보이는 세포 내의 대상을 분해하는 구조와 그 의미를 규명하고 싶다는 순수한 생각 때문이었다.

실은 유해하다는 사실이 알려지는 예도 많다. 이처럼 '도움이 되는가'의 여부는 사실 긴 세월을 거친 뒤에 검증된다. 기초과학의 가치를 평가하려면 적어도 10~20년, 때로 수십 년의 시간이 필요하다.

지금까지 말한 것처럼 내가 오토파지를 연구한 이유는 나 자신이 도움이 되어야 한다는 명확한 목표를 세웠기 때문이 아니었다. 눈앞에 보이는 세포 내의 대상을 분해하는 구조와 그 의미를 규명하고 싶다는 순수한 생각 때문이었다. 그럼에도 효모를 사용한 우리의 기초연구는 새로운 연구 영역을 개척하는 데 크게 기여했으며 지금은 전 세계 많은 연구자가 오토파지 연구에 참여해 오토파지가 세포가 가진 기본적인 기구라는 점을 인식하게 됐다. 나아가 오토파지가 암과 생활습관병, 알츠하이머병과 파킨슨병 등 다양한 신경변성질환에 관여하는 점이 발견되어 제약 연구도 활발하게 이루어지고 있다.

연구 발전에 필요한 조건은 적절한 연구비와 적성을 지닌 인재다. 나를 포함한 많은 기초과학 연구자가 그 중요성을 호소하기 때문인지 일본의 기초과학 진흥도 말로는 이것을 부르짖고 있지만 현실은 오히려 어려움을 더해가고 있다. 재정이 어렵다는 이유로 특정 분야의 기초연구를 중단하는 일이 일어나고 있다. 그러나 그래서는 안 된다. 얼핏 무관해 보이는 연구가 중요한 의미를 갖는다는 사실을 알게 되는 때가 있다. 과학은 과거의 지식과 경험에 의존해 발전하므로 그 승계성이 중요하다. 도움이 될 만한 연구와 유행하는 연구에만 연구비를 투자하는 선택과 집중이 과도해지면 새로운 중요한 문제를 놓치는 일로 이어지며 연구의 다양성이 훼손된다. 연구비를 얻지 못하면 연구 성과를 얻지 못하며 이어서 다음 연구비도 얻지 못하는 부정적인 연쇄작용이 일어난다. 그 결과, 승계되어야 할 자료와 지식이 중도에 끊어져 그 영역을 담당하는 차세대 연구자를 키우지 못하게 된다.

일단 어느 분야가 쇠퇴하면 그것을 되돌리는 데는 많은 에너지와 시간이 필요하다. 이번 코로나 사태에서도 일본의 바이러스 기초연구자가 최근 격감하고 있는 점이 드러났다. 일본에서는 백신에 관한 기초연구도 경제효과로 판단해 많은 기업이 손을 뗐고, 대학의 기초적인 연구도 진행이 곤란한 지경에 이르렀다. 이번에도 코로나19와 관련한 대규모 예산 조치가 있었음이 분명하지만 그중 많은 조치가 향후 대책에 관한 것이며, 충실한 기초연구를 도모하는 장기 대책은 보이지 않는다. 연

> 도움이 될 만한 유행하는 연구에만 투자하면 승계되어야 할 중요한 자료와 지식이 중도에 끊긴다.
> 그러면 그 영역을 담당하는 차세대 연구자를 키우지 못하게 된다.

구는 장기간의 지속성이 무엇보다 중요하며 그때그때의 과제에 휘둘려서는 안 된다.

나는 이런 상황을 볼 때마다 과학을 추진하는 데 필요한 연구비가 100% 국가에 의존하는 것에 의문을 갖는다. 연구자가 국가 정책에 부합하는 연구를 해야만 한다고 자기 규제를 하는 것은 위험한 일이기 때문이다.

국가에 의존하지 않는
기초과학 연구 지원

미국의 하버드대학과 프린스턴대학 등 유명 사립대학은 독자적으로 막대한 재정 기반을 갖추고 있다. 주립대학조차 주에서 지원받는 자금 비율이 놀랄 만큼 낮다. 독일의 막스플랑크연구소 같은 유명 연구기관이나 대학도 많은 수가 독자적인 개정 기반을 보유하고 있고, 국가예산에 완전히 의존하고 있지 않다. 그 결과, 운영 방침도 어느 정도 국가로부터 독립되어 있다. 이처럼 과학은 국가만이 지원하는 것이 아니라 과학자를 포함한 사회 전체가 지원할 필요성이 있다고 생각한다.

나는 이런 생각이 점점 강해져 4년 전인 2017년에 기초과학 진흥을 목표로 하는 재단을 설립하고자 결심했다. 재단이라고 하면 과학 연구비와 관련한 가장 큰 조직인 미국의 NSF National Science Foundation, 국립과

^{학재단}가 있다. 그 밖에도 거액의 자금을 보유한 록펠러재단, 하워드휴즈의학연구소, 빌&멜린더게이츠재단 등이 거대한 자산을 바탕으로 다액의 연구비를 지원하고 있다. 또 미국에는 MD앤더슨암센터, 세인트주드 소아병원처럼 개인의 기부를 기반으로 한 거대 연구 시설이 임상뿐 아니라 기초 연구에 큰 역할을 하는 예도 많다.

일본에도 그와 비교해 규모는 작지만 과학을 지원하는 재단은 이미 다수 존재한다. 대다수가 커다란 성과를 거둔 기업 창업자 등 독지가에 의한 기부를 재원으로 삼는다. 우리 분야에도 후지와라의학재단, 다케다과학진흥재단, 이나모리재단, 우에하라기념생명과학재단, 야마다과학진흥재단 등이 오랜 실적을 지니고 있다. 최근에도 많은 기업이 적극적인 사회 공헌의 일환으로 재단을 설립해 젊은 연구자와 그들의 유학을 지원하는 등 다양한 활동에 뛰어들고 있다.

이렇게 대학과 국립 연구기관밖에 몰랐던 나이지만 4년 전에 재단을 일반 재단법인으로 설립해 1년간의 실적을 바탕으로 공익 재단법인으로 인정받았다. 하지만 내가 시작한 재단은 상금의 일부만을 자금원으로 시작해 활동 도중에 기부나 다양한 자금을 지원받아 발전하는 것을 목표로 하는, 어떤 의미에서는 새로운 실험이다. 설립 당시 '이런 시도는 얼마 지나지 않아 반드시 실패한다'는 의견이 인터넷에 떠돌았다. 우리는 그렇게 되지 않도록 다양한 시도를 계속하고 있으며 5년 차를 맞이한 지금, 활동의 폭을 넓히며 착실히 발전하고 있다.

우리 재단의 가장 큰 특징은 활동에 찬성하며 적극적으로 협력하는

오스미재단의 제2기 연구비 지원 증정식(2019년 4월). 일반 기초과학 분야 9명, 효모 분야 3명 등 총 12명의 연구자에게 지원금을 증정하기로 결정하였다.

뛰어난 기초생물학 연구자들의 지지를 얻고 있다는 점이다. 연구비 지원 방식도 무척이나 독특하다고 자평한다. 지금까지 많은 재단의 연구비 지원이 이미 높은 평가를 받고 있는 연구자를 대상으로 하는 데 비해 우리 재단은 독창적 아이디어로 기초적인 과제에 도전하지만 좀처럼 연구비를 얻지 못하는 연구자와 긴 시간을 요하는 연구, 다양한 이유로 지속이 곤란한 뛰어난 연구를 지원하고 있다. 가령 지방대학에서 재미있는 생각을 하며 작은 연구실에서 연구하지만 아직 성과를 내기 어려운 경우에 현재의 연구비 배분 시스템에서는 심사하는 측이 그 연구를 지원 대상으로 선발하기란 무척 어렵다.

**우리 재단은, 독창적 아이디어로
기초적인 과제에 도전하지만
좀처럼 연구비를 얻지 못하는
연구자와 긴 시간을 요하는 연구,
다양한 이유로 지속이 곤란한
뛰어난 연구를 지원하고 있다.**

    우리는 같은 연구자의 시선에서 그런 연구를 발굴해 지원하고자 한다. 다만 이것은 말하기는 간단해도 심사하는 측의 역량이 요구된다. 같은 생물 분야에서도 모든 영역의 상황을 알지 못하며 그 연구가 장래 어떤 영향을 미칠지는 간단히 평가할 수 없는 문제다. 하지만 가능한 한 자신들의 발견에 기반하여 새로운 연구에 도전하는 연구자들을 지원한다는 생각이다. 거액을 지원하지는 못하지만 이 지원으로 연구 발전의 기회를 잡고 싶다는 메시지가 다수 날아든다. 우리 재단의 취지를 이해하고 응모하는 사람의 수도 늘어나고 있다.

    재단이 내건 또 하나의 목적이 있다. 대학과 기업의 건설적인 관계 구축이 그것이다. 지금까지 말한 것처럼 국가 예산이 줄어 빈곤화가 심해진 대학에서는 현재, 자금을 얻기 위한 기업과의 공동 연구가 장려되고 있다. 그 결과, 본래 대학에서 진행해야 하는 기초적인 연구보다 응용이 용이한 연구를 장려하고 있다. 하지만 기업의 개발 연구는 명확한 목표 하에 다액의 자금과 인력을 투입해 진행해야 하며 작은 대학의 연구실이 이런 방향으로 연구를 진행하려고 시도하더라도 어려움이 있다. 일정 기간에 성과를 올리고 이윤을 내야 하는 기업의 개발 연구와 달리, 대학은 기업이 하지 못하는 기초연구를 진행하는 식으로 역할을 명확히 구분해야 한다. 연구비를 받을 수 있다는 이유로 대학 연구가 응용 연구에만 치우치거나 기업의 하청이 되어서는 대학의 연구력은 점차 저하되고 인재를 키운다는 대학의 중요한 역할을 다하지 못하게 될 것이다.

앞서 말한 것처럼 재단 활동으로 다양한 업종의 기업 수장들과 이야

> **대학은 기업이 하지 못하는 기초연구를 진행하는 식으로 역할을 구분해야 한다. 대학 연구가 응용 연구에만 치우치거나 기업의 하청이 되어서는 대학의 연구력은 저하되고 인재를 키운다는 대학의 중요한 역할을 다하지 못할 것이다.**

기를 나눌 기회가 크게 늘었다. 재단의 취지에 공감하는 분들이 많다는 점에도 용기를 얻는다. 확실히 지금 일본의 연구 상황에 위기감을 느끼는 기업 경영자도 많이 있다. 그리고 대학은 조금 더 기초연구에 임해주길 바란다는 의견을 많은 사람에게 들었다. 기업을 방문할 기회도 크게 늘었다. 대학 연구실에 틀어박혀서는 결코 경험하지 못했던 것을 새로 알게 되기도 하며 앞으로가 기대되기도 한다. 직장 환경이 제대로 정비된 기업이 많다는 점도 알게 됐다. 대학에만 있으면 상상할 수 없던 일이다. 자유롭게 토론하고 담소하는 공간, 새롭게 설계된 회의실, 개방적이며 멋지게 디자인된 식당 등 대학보다 훨씬 선진적인 기업들이다.

대학의 교육 개혁을 담당하는 관료들은 이런 기업에도 꼭 한번 가 봤으면 한다. 가스미가세키(도쿄도 지요다구에 있는 관청이 밀집한 지역)의 오래된 건물에서 야근으로 밤을 새우는 국가공무원의 생활로는 이상적인 대학교육 환경을 상상하기 어려울지 모른다.

현재 격심한 세계화의 흐름 속에서 기업의 국제화는 대학이 생각하는 것보다 훨씬 빠른 속도로 진행되고 있다. 새로운 사업을 전개하기 위해서는 박사과정을 수료한 인재가 더욱 많이 필요하다는 의견이 강하다. 인재 육성의 관점에서 대학과 기업은 경합 관계가 아니다. 의욕적으로 도전하는 인재 없이 발전을 도모할 수 없다는 점에서 대학과 기업이 실은 이해관계가 일치한다고 해도 좋다. 적어도 나는 그렇게 확신한다. 대학과 기업이 보다 자유롭게 의견을 교환하고, 공동 연구라는 형태에 얽매이지 않고 서로의 상황을 알고 새로운 신뢰 관계를 만들어가는 일이 매우 중요하다.

실제로 세계적인 흐름이기도 한 '사회의 지속적인 발전'을 경영의 축으로 설정한 기업도 많다. 유럽 등에서는 환경 문제를 고려하지 않는 기업은 상대하지 않는 경향이 뚜렷해지고 있으며 일본도 그런 인식이 점차 확산하고 있다.

재단 활동과 관련한 일반인들의 기부금도 큰 격려가 된다. 일면식도 없는 분이 고액의 기부금을 보내오기도 하며, 소액이지만 월급에서 지속적으로 지원해주는 분도 많다. 이것은 '과학을 문화로 본다'는 재단의 이념에 공감하는 분들이 많아지고 있다는 분명한 증거다. 연구자로서 지원을 받는다는 것은 자신의 연구 의의를 인정받고 있다는 증거로서 커다란 격려가 된다. 한편으로 기부한 사람도 기부를 통해 과학에 대한 관심과 흥미가 커진다.

이렇게 생각하면 사회를 바꾸는 힘은 오로지 정부 정책에 있는 것이 아니라 일반 사회에서의 작은 활동이나 의식 변혁에 있다는 사실을 새삼 느낄 수 있다. 기초연구자의 불가피한 재정적 어려움을 돕는다는 목적과 새로운 미래를 여는 일이 그야말로 합치한다고 느끼며 재단 활동을 이어가고 있다.

종장

앞날이 불투명한 시대의 과학

대담
오스미 요시노리 vs 나가타 가즈히로

앞이 보이지 않는 불안

나가타 마지막으로, 서로의 글을 읽고 의견을 교환하며 본문에서 논하지 못한 것을 토론하고자 합니다. 이 책의 키워드 중 하나가 '도움이 된다'라는 개념입니다. 이 말이 과도하게 중시되는 측면에는 사회적으로 무엇을 목표로 삼으면 좋은지 알기 어려운 상황이 되어버린 탓도 있지 않을까 합니다. 과거에는 성공 모델이 있었습니다. '출세'라는 말에 지금보다 큰 의미가 있었죠. 출세하는 것이 곧 능력이라고 여기는 사회였어요. 하지만 지금의 젊은 세대가 그런 말을 하는 것을 들은 적은 잘 없습니다. '출세' 자체에 대한 흥미가 사라져버렸죠.

이것이 좋은 일인지 나쁜 일인지 간단히 말하기는 어렵습니다만 과거에는 사업에 실패한 사람은 낙오자로 여겼습니다. 실패하면 낙오자라는 낙인이 찍혔죠. 그때에 비하면 요즘은 '실패의 가치'가 조금 더 인정받는 사회가 되지 않았나 싶습니다.

오스미 틀림없이 그런 흐름이 있는 것 같습니다. 스위스의 오래된 장크트갈렌대학교에서 'capital(자본)'이라는 통일 주제의 심포지엄에 참석한 적이 있습니다. 일본인 젊은이도 몇 명 참석했습니다. 한 명은 교토대학 재학 중에 설립한 벤처가 크게 성공해 어느 정도 자리를 잡았을 때 컬럼비아대학에 입학해 지금은 컬럼비아대학의 대학원에 재적 중인 학생이었습니다. 그는 "컬럼비아에서 박사를 따오겠습니다"라고 말했습니다. 다른 한 명도 마찬가지로 벤처를 설립한 사람으로 "다시 한 번 대학에서 공부하고 싶다"고 말했습니다. 유명 대학에 입학해 대기업에 들어간다는 식의 '인생 성공자' 이미지는 일본 사회에서 여전히 뿌리 깊게 받아들여지고 있지만 그런 생각이 조금씩 달라지고 있다고 느꼈습니다.

나가타 전에는 커서 과학자가 될지 대통령이 될지 같은 정형화된 성공 예를 의식했죠. 성공의 가치 기준이 대개 비슷했다는 말입니다. 그런데 지금은 각자 목표로 하는 것, 개인의 가치관이 다양해졌다는 점이 분명해 보입니다. 비근한 예이지만 일본 구글에 다니던 제 조카가 미국의 구글 본사에 선발되어 미국으로 건너갔습니다. 그런데 조카는 벤처를 만들겠다며 수년 후에 구글을 퇴직했습니다. 분야가 다른 제가 봐도 '그 유명한 구글을 나와버리다니' 하고 놀랐지만 그들 사이에서 그런 감각은 신기한 일이 아니었습니다. 지금 학생들을 보면 안전 지향에 사로잡힌 것처럼 보이지만 한편으로 대담한 젊은이도 있습니다. 벤처를 설립할 때 안전 지향만으로는 제대로 풀리지 않죠. 외국에서는 실패 경험이 없는 벤처인은 신뢰를 얻지 못한다고 들었습니다.

오스미 벤처 창업이 학생들 사이에 유행하고 있죠. 그런데 히토쓰바시대학 경제학부 출신자들은 벤처에 실패할 경우를 대비해 대부분 대기업에 취직해 적을 둔 채로 창업을 시도한다고 들었습니다. 그 이야기를 해준 히토쓰바시대학의 선생은 "도쿄대학도 마찬가지예요"라고 말했습니다. 과거에는 관료가 되어 국가를 움직이는 인재를 배출해온 대학이라는 점에서 이건 심각한 문제이며 공무원 탈피가 급속하게 진행되는 것도 최근 화제가 되고 있습니다.

> **전에는 성공의 가치 기준이 대개 비슷했지만 지금은 각자 목표로 하는 것, 개인의 가치관이 다양해졌다는 점이 분명해 보입니다.**

대학 수험에서도 새로운 경향이 생겨나고 있습니다. 오래도록 도쿄대학에 합격한 사람은 도쿄대학에 진학하는 것 말고 다른 선택지가 없는 분위기였지만 지금은 하버드대학, 옥스퍼드대학을 희망하는 이도 있고, 사회도 이런 것을 용인하고 있습니다. 해외 대학에 진학하는 쪽이 미래가 더 밝지 않을까 생각할 정도로 일본 사회가 그동안 폐쇄적이었다고도 할 수 있겠네요.

조금씩 달라지고 있다는 점은 분명하지만 전체적으로 보면 실패한 사람에게는 여전히 엄격한 사회인 듯합니다. 과거에는 꿈을 가지고 프리터(고정적인 직업 없이 자유롭게 살며 아르바이트로 생계를 이어가는 사람)가 되는 사람이 있었지만 지금은 그런 사람이 있는 것 같지 않거든요. 지금의 프리터는 밑바닥 생활에서 벗어나기 어렵고, 벗어나려 해도 그러지 못합니다. 이것은 매우 심각한 문제입니다.

나가타 대학에서도 다른 사람보다 뒤처지는 것에 지나친 두려움이 엿보이는 것은 안타까운 일입니다. 유급은 우리 학창 시절에는 흔히 있는 일이었어요. 4년 만에 졸업하는 사람은 어딘가 재미없는 녀석이라고 생각하는 구석이 있었죠. 하지만 지금은 대학이건 학생이건 유급이라는 '낙오'를 만들어내지 않으려고 급급해하는 것처럼 보입니다. 자신의 페이스로 천천히 걷는 여유가 없어졌다는 것을 강하게 느낍니다.

오스미 그런 풍조는 대학 수험에서도 엿보입니다. 우리 시절보다 재수생이 줄었어요. 자신이 목표로 하는 대학이나 학부보다 어딘가 들어갈 수 있는 대학에 들어가라는 부모의 바람도 커졌고 경제적인 부담도 있겠죠.

또 하나, 저는 지금 사회의 양극화가 신경 쓰입니다. 계층 분화가 점점 심해지고 있습니다. 물론 좋은 면을 보자면 세계적으로 활약하는 특별한 젊은이가 생겨나고 있어요. 금전적으로 여유가 있는 가정일 테죠. 태어난 집의 경제 사정에 따라 진학과 취직이 정해지는 사례가 많다는 조사 결과도 있습니다. 도쿄대학 입학생의 60퍼센트 이상이 부모의 연수입이 950만 엔(대략 1억 원) 이상이라는 조사도 있고요. 프린스턴대학이나 하버드대학에 가고 싶다고 생각한다고 해서 누구나 갈 수는 없습니다. 학비가 엄청나니까요. 그건 역시 너무 꽉 막힌 세계가 아닐까요.

일본에서도 부의 집중이 심해지고 있고 동시에 엘리트도 나오고 있습니다. 그런 엘리트들은 우리가 상상하는 것보다 훨씬 자유로운 세상을 살고 있지만, 지금처럼 어려운 시대에 리더가 되어 변혁을 이루려는 의식은 그들에게 별로 없어 보입니다. 과거에는 능력만 있으면 맨몸으로 출발해 성공하는 사례가 있었습니다. 실제로 학력이나 가정환경에 관계없이 유명 정치가가 된 사람도 있습니다. 다만 현대에는 그런 사례가 사라졌다는 점에 주의가 필요합니다. 세계에 자유롭게 날개를 펼치는 사람과 그렇지 않은 사람의 차이가 점점 더 벌어지고 있다는 점을 저는 우려하고 있습니다.

대학의 전문학교화

나가타 그런 의미에서는 학생의 취직처인 기업도 조금씩 바뀌고 있는 중 아닐까요. 기업은 대학이 회사에 이익을 가져다주는 다루기 쉽고 진지하게 일하는 사람을 육성하기를 기대합니다. 아베정권 이후의 대학교육에 대한 입장에는 이런 사고방식이 기저에 깔려 있습니다. 이것은 대학을 전문학교화 하는 방향으로 드러나고 있는데 2019년부터 시작된 전문직 대학을 통해 이미 구체화되고 있습니다. 이들 대학은 배움의 특징으로서 '산업계와 제휴한 고도의 실천적 직업 교육'이라고 명확히 내세우고 있죠.

하지만 그래서는 결국 막다른 길에 내몰리지 않을까요. 기업은 간단히 다룰 수 없는 인간이야말로 기업에도 이익을 가져다준다는 점을 깨닫게 될 것입니다. 아주 먼 이후의 일이 아니라 곧 일어날 일이라고 생각합니다.

예를 들어 연구실이라는 조직을 생각해보면 명백합니다. 제가 생각하는 것을 그대로 따라 하는 학생만 있다면 연구실은 틀림없이 쓸모없는 곳입니다. 저로서는 생각지도 못한 발상을 떠올

> **저로서는 생각지도 못한 발상을 떠올리고 제 말을 귀 기울여 듣지 않는 사람이 있어야만 연구실이 활기를 유지할 수 있습니다.**

리고 제 말을 귀 기울여 듣지 않는 사람이 있어야만 연구실은 활기를 유지할 수 있습니다.

지금까지 경험으로 볼 때 우리 연구실에서 능력을 펼치는 사람은 역시 건방진 친구들이었습니다. 저는 '뻔뻔한 건 용서하지 못하지만 건방지지 않으면 안 된다'라고 시간 날 때마다 말합니다. 덕분에 제 연구실은 건방진 녀석들뿐입니다(웃음).

제가 "하지 마"라고 말했음에도 제 말을 듣지 않고 몰래 계속하다가 성공하는 케이스가 생긴다면 무척이나 기쁜 일입니다. 저 자신이 그만큼 자신감이 없으니까 제 부족한 부분을 보완해줄 젊은이들의 발상에 기대하고 있다는 점도 있지만요. 이런 부분에서 일본 사회의 폐쇄성에 대한 처방전의 힌트를 얻을 수 있지 않을까요.

오스미 나가타 씨 같은 그런 연구실은 지금은 드물지요. 제 연구실은 훨씬 더 멀쩡해서(웃음) 아무리 해도 그런 분위기는 나지 않습니다.

나가타 이건 리더 자신도 그것을 즐기지 않으면 이어지지 않습니다. 서로 다투면서도 '재미있는 것을 해야지'라고 생각할 수 있는지가 문제네요.

오스미 저는 제가 설립한 재단 관계로 기업인과 이야기할 기회가 있는데 잘 나가는 기업의 특징으로 회사의 국제색이 풍부하다는 점이 있습니다. 사원의 70퍼센트가 외국인인 기업도 있습니다. 앞으로는 좋든 싫든 일본 기업도 세계화되겠죠. 그럴 때 국제 경쟁력을 키우고 싶다면 일본 국내에 뿌리내린 가치관으로는 제대로 풀리지 않을 터입니다. 이것은 단순히 세간에서 말하는 외국어 능력이나 표면적인 커뮤니케이션 능력에 관한 이야기가 아닙니다.

좋은 실패와 나쁜 실패

오스미 이 책에서 실패의 소중함에 대해 말했지만 주체적이 아닌 실패는 실패라고 하기 어렵죠. "들은 대로 했더니 실패했습니다", "예상한 결과가 나오지 않았습니다"라고 보고하면 그뿐인 세계에서는 진정한 실패가 없습니다. '상사가 이런 데이터를 건넸기에 내가 실패한 것이다'라고 파악하면 자신의 문제로 받아들이지 못하고 책임도 생기지 않습니다. 책임을 갖지 못한다면 제대로 풀린 이를 부러워하며 '그에게는 상사가 좋은 데이터를 건넸기에 성공한 거야'라는 생각까지 하게 됩니다. 끝내 주체적인 인간은 되지 못하죠. 실패도 하나의 경험으로 쌓아갈 수 있는데, 주체적이 되지 못하면 실패라는 경험조차 쌓아갈 수 없습니다.

나가타 단순히 제대로 풀리지 않은 것과 자기 스스로 설계한 계획이 실패한 것은 커다란 차이가 있습니다. 제대로 풀리지 않았다고만 받아들인다면 아무런 축적도 이루어지지 않죠. 저희 같은 지도자 입장에서는 아무리 그래도 실패한 학생을 칭찬할 수는 없지요. 하지만 실패했다고 해서 곧장 "네가 잘못한 거야"라고 말하는 일은 결코 없습니다. 처음에 정한 목표에서 벗어난 결과를 실패라고 간주하기 쉽지만, 목표하던 것이란 기껏해야 인

> **주체적이 아닌 실패는 실패라고 하기 어렵습니다. … 주체적이지 못하면 실패라는 경험조차 쌓아갈 수 없습니다.**

간이 상정한 범위라고도 할 수 있습니다. 실패의 원인을 찾음으로써 훨씬 흥미로운 가능성으로 이어지는 예도 많습니다.

자연과학의 재미는 우리가 생각하는 것 이상의 대단한 메커니즘이 세상에 존재한다고 느끼는 것이죠. 자연이란 우리가 생각지도 못한 메커니즘에 의해 살아 움직이고 있다는 사실을 실감할 때 자연과학을 연구하길 잘했다고 마음속 깊이 느낍니다. 그런 의식을 교육자도 중요하게 여기지 않으면 안 되겠죠. 따라서 실패를 즐기지 못하는 풍조는 교육자에게도 책임이 있다고 할 수 있습니다. 상사 쪽도 얼른 성과를 내서 논문으로 만들지 못하면 연구비 수령에 차질이 있다고 조급해하다 보면 학생을 자유롭게 놓아두고 실패하는 것을 함께 즐길 여유가 없어지죠. 결국 앞장서서 차례로 지시를 내리기도 합니다. 제가 전에 있던 대학만이 아니라 다른 대학도 마찬가지일 테지만 예를 들어 '저학점 지도'라고 해서 교수가 학생 한 명, 한 명에 따라붙어 지도하는 일이 벌어지고 있습니다. 이를 재촉하는 것은 대학 집행부입니다. 이런 상태를 당연하게 여기는 학생이 사회에 나갔을 때 가장 곤란한 것은 학생 본인이겠죠. 기업이나 사회 또한 곤란할 테고요.

오스미 분명 그런 현상이 있죠. 대학에서도 "아이가 학점을 따지 못한 것은 선생 탓이다"라고 말하는 부모가 실제로 많은 듯합니다.

믿기 어려운 이야기지만 대학 교수가 학생이나 부모에게 "이렇게 착실하게 지도하고 있습니다"라고 표현하는 것이 대학의 세일즈 포인트가 된 상태이기도 합니다. 지금의 시스템에서는 대학생이 '고객'입니다. 대학에서는 대학 경영이나 재정과 직접 관계되므로 학생이 한 명이라도 떨어져 나가면 곤란해집니다. 흔히 말하는 바이지만 대학교육에서는 사고방식의 기본을 배우고 자신의 인생을 자신의 것으로 생각하며 스스로의 책임으로 헤쳐 나가는 기개를 가져야 합니다. 그에 반해 정해진 기간에 학부와 대학원을 얼마나 많이 졸업시키는지가 대학 평가의 기준으로 여겨진다는 점은 무척이나 큰 문제입니다.

게놈 편집과 재생의료

오스미 이 책에서 말하지 못했지만 과학자의 윤리관에 대해서도 다뤄 보고 싶습니다. 예를 들어 게놈 편집이나 재생의료 같은 것으로 인간의 미래가 밝아진다는 식의 긍정적인 해석은 무언가의 환상을 무한대로 확장한 행위라고 생각합니다. 저 개인적으로는 재생의료를 통해 더 오래 살고 싶다는 욕구가 전혀 없습니다. 왜냐하면 인간도 생물종의 하나이며 수명에 한계가 있다는 사실을 받아들이는 데서 시작하지 않으면 안 된다고 생각합니다.

수천만 명 중 겨우 한 사람을 치료하는 치료법이 모든 사람에게 널리 퍼질 리는 없습니다. 3천만 엔의 치료비가 드는 신약이 얼마 전에 개발되어 2019년에 후생성의 인가를 받았습니다. 이 약으로 지금까지 치료하지 못했던 병을 고치는 것은 분명 대단한 일이지만 이 약을 극소수의 사람에게 조건 없이 투여한 뒤 그 비용을 국민 전체가 부담하는 일이 과연 옳을까요. 현실적으로 생각하면 재생의료로 모든 병이 치료되어 인생이 장밋빛으로 바뀌는 일이 과연 타당할까요. 오히려 경제적인 이유로 세상을 뜨는 사람도 많다는 점을 사회 전체가 인식하지 않으면 장밋빛 환상에 휘둘리고 말 것입니다. 얼마나 많은 사람이 재생의료의 혜택을 받을 것인가도 생각해볼 필요가 있습니다.

나가타 재생의료 문제와 직접 관련은 없지만 '우리는 죽는다'는 점을 받아들이는 것이 무척이나 중요합니다. 최근 알게 되어 충격을 받은 것이 중국의 클론 펫(복제 애완동물) 비즈니스입니다. 죽은 애완동물의 세포를 클론 기술로 복제한 애완동물이 이미 사업화되었습니다. 마리당 300~500만 엔으로 자신의 애완동물을 클론으로 만들어 준다고 합니다. 이 비즈니스가 일본에도 진출하는 중입니다. 이것이 향후에 사람에게도 미치지 않으리라는 보장은 없습니다.

클론 애완동물을 보고 애완동물이 계속 살아 있는 것처럼 느낄지 모르지만 본래 키우던 애완동물은 이미 죽은 상태입니다. 클론이 생겨서 본래 키우던 애완동물의 죽음을 슬퍼하지 않아도 될까요? 이것은 완전히 다른 문제입니다. 슬퍼하는 행위가 중요합니다. '인간은 언젠가 죽는다'는 것은 모든 사람에 있어 전제입니다. 하이데거 풍의 말이 되지만 죽음이 있기에 지금의 삶이 가치 있습니다. 죽지 않는다면 살아 있는 것의 의미와 가치는 없어지고 맙니다.

인간은 기껏해야 100년을 채우지 못하는 시간을 사는 생물입니다. 오래 사는 것에 충실감이 있는 것이 아니라 '한정된 삶 속에서 지금 살고 있다'는 점이 더 중요합니다. 예를 들어 60세라는 시간은 불과 1년밖에 없으며 그렇기에 소중하다는 시간 감각의 중요함을 지금의 게놈 편집과 재생의료가 희박하게 만들고 있

> **죽음이 있기에 지금의 삶이 가치 있습니다. 죽지 않는다면 살아 있는 것의 의미와 가치는 없어지고 맙니다. '한정된 삶 속에서 지금 살고 있다'는 점이 더 중요합니다.**

습니다. 모두의 바람이 그런 기술을 불러온 것은 사실이지만 그런 기술에 의해 삶의 유한성을 자각할 수 없게 될 위험성도 있습니다.

오스미 경제적인 문제와 별개로 재생의료를 생각할 때 가장 큰 문제는 큰 병에 걸린 사람을 구하는 이런 의료가 가져오는 좋은 면에 대해 어떻게 생각해야 할지입니다. 중한 병에 걸린 사람을 구할 가능성이 있다는 사실에 우리의 사고방식이 크게 이끌리고 있습니다.

일단 멈춰 생각해 보고 싶은 것은 예를 들어 다양한 장애가 있는 사람이 반드시 불행한가 하는 점입니다. 장애가 있지만 충실한 인생을 살아가는 사람도 있습니다. '장애가 없는 사람이 보지 못하는 세계를 보고 있다'고도 말할 수 있습니다.

중한 유전병에 걸린 아이를 위해 재생의료에 희망을 거는 것 자체는 지금껏 건강하게 살아온 우리로서는 헤아릴 수 없을 만큼 중대한 일이라는 점은 상상할 수 있습니다. 극단적인 말이 될지 모르지만 그럼에도 유전자 치료법이나 재생의료를 의심하는 시각도 중요하지 않을까 싶습니다. 그런 의료만이 과하게 강조되고 있다는 생각이 듭니다. 그 이면에는 '장애가 있는 사람은 무척 불행한 인생을 살고 있다'는 이미지가 자리 잡고 있는 것이 아닐까 생각합니다.

나가타 최초의 화제에서 나온 것이지만 과학 자체도 오스미 씨가 말한 것처럼 양극화를 가속화하는 방향으로 나아가고 있다고 느낍니다. 그런 면이 매우 우려됩니다. 『호모 데우스』의 저자 유발 하라리가 말했지만 게놈 편집이 사람에게도 응용되면 점점 인간이 양극화되어 버립니다. 즉 게놈 편집으로 우수한 자손을 만들 수 있는 사람과 그렇게 할 수 없는 사람으로 나누어진다는 점이 우려됩니다.

양극화는 사람들의 무지에서 오는지도 모르고 치우친 부에서 오는지도 모릅니다. 하지만 사람을 대상으로 하는 게놈 편집 기술이 장래 어느 날 규제가 풀리면 양극의 차이는 점점 더 벌어질 것입니다.

게놈 편집으로 쌍둥이를 만든 중국의 과학자 허젠쿠이가 만약 지금 앞서 말한 오스미 씨의 말을 들으면 "자신의 아이가 그런 유전병에 걸릴 가능성이 있다면 그 원인을 제거하는 것은 당연하다. 그렇기에 내가 했다"라는 식으로 답하지 않을까요. 그것은 분명 하나의 논리입니다. 하지만 누군가를 위해 도움이 되는 것을 해보고 싶다는 마음 이상으로 저는 그의 연구에서 게놈 편집 기술을 인간에게 응용한 최초의 사람으로 이름을 남기고 싶다는 욕구를 강하게 느꼈습니다.

명예심 자체는 결코 부정할 것이 아닙니다. 크건 작건 처음으로 어떤 일을 실현한 인간으로 이름을 남기고 싶다는 마음을 소중히 여기지 않으면 분명 연구의 동기가 되지 못할 것입니다. 하지만 허젠쿠이 같은 경우는 틀림없이 너무 앞서 나갔습니다. 사회적 공감대를 충분히 얻지 못한 단계에서 실행해 버렸으니까요.

일본에서는 1968년에 처음으로 심장 이식이 이루어졌고(삿포로 의과대학을 무대로 한 이른바 '와다 심장 이식') 당시 엄청나게 큰 논의를 불러일으켰습니다. 의료와 과학 기술은 사람의 윤리관에 관한 사회적 공감대를 얻어야 합니다. 윤리적 공감대를 만드는 것 역시 과학자의 의무 중 하나입니다. 그 작업을 간과한 채 마음만 앞서나가면 무서운 세상이 되어버릴 것입니다.

오스미 지적 호기심만으로 과학자가 무엇이든 자유롭게 해도 좋다는 생각은 역시 있을 수 없습니다. 과학자는 사회적 공감대를 깨뜨릴지 모른다는 우려를 항상 품고 있어야 합니다. 나아가 공감대를 얻었다고 해서 그것으로 끝인가 하면 그렇지 않습니

과학자가 의료와 과학 기술에 관한 윤리적 공감대 형성을 간과한 채 마음만 앞서나간다면 무서운 세상이 되어버릴 것입니다.

다. 그것으로 끝나지 않는 문제가 연이어 나올 것입니다. 이것은 매우 중대한 문제로서 과학자 역시 이해관계에서 벗어난 진지한 논의를 통해 사회적인 규칙을 만드는 일에 동참할 필요가 있다고 생각합니다.

도움이 되지 않아도 과학에는 기쁨이 있다

나가타 오스미 씨는 6장의 제목으로 '과학을 문화로'라고 내세웠습니다. 무척이나 중요한 말인데, 이것은 제가 아는 한 오스미 씨가 처음으로 말하기 시작한 표현이죠.

오스미 그런가요?

나가타 요즘 여러 과학자가 더더욱 그 표현을 많이 쓰고 있습니다. 이런 생각이 확산하고 있는 것은 오스미 씨가 노벨상을 수상한 영향이 크다고 생각합니다. 이런 말은 누가 처음으로 사용했는지 언제나 확실히 해두는 것이 중요합니다. 우리 과학자들은 인용 행위를 중요하게 여겨야 하므로 먼저 있던 것은 제대로 인용해 사용할 필요가 있습니다.

저는 다양한 강연에서 '과학을 문화로'라는 표현을 사용할 때 반드시 "이것은 오스미 씨가 말한 것입니다"라고 서론으로 깔아둡니다. 혹시라도 저의 조사가 미진해 누군가 먼저 말한 적이 있을지 모르지만 그건 그렇다 쳐도 선행 지식에 대한 경의를 빼놓고 과학은 성립하지 않습니다. 우리는 과학을 더 많은 일반인에게 펼치고 싶다고 평소 말하고 있고 이것이 이 책의 취지 중 하나이기도 하지만 그때 '문화로서 펼치고 싶다'라는 표현이 무척이나 중요하다고 여겨집니다.

오스미 '과학을 문화로'라고 굳이 주장하지 않으면 안 되는 이유 중 하나는 일본에서 과학과 기술이 분리되지 않은 상태이기 때문입니다. 일본에서는 '과학이 곧 기술'이라고 파악하기에 '도움이 되는' 과학을 높이 평가하는 경향이 압도적입니다. 그런데 이런 경향은 '즐거운 과학'이라는 태도와는 꽤 다른 성질과 구조를 지닙니다.

'도움이 되기에 과학은 중요하다'라고 과학자 자신이 말한다면 매우 큰 문제입니다. 예를 들어 제약회사의 수뇌진으로 매일 어떻게 하면 수익을 올릴까 열심히 궁리하는 사람이 진심으로 '과학은 문화입니다'라고는 도저히 말하기 어렵겠죠. 자기 스스로 과학이 문화라고 느끼지 못하기 때문입니다. 기술로 이어져야만 과학이며, 모든 것을 경제를 기준으로 평가받는다는 생각이 일본에 퍼져 있는 것 아닐까요.

이런 의미에서 과학에 대한 정신적 풍토가 무척이나 빈약한 것 같습니다. 양반은 물에 빠져도 개헤엄은 안 친다는 태도가 일본의 과학에는 거의 없습니다. 즉 '과학은 도움이 되니까 중요하다'는 주장과 '과학은 문화'라는 주장 사이에는 커다란 차이가 있습니다. 과학을 인간이라는 존재와 자연을 이해하려는 활동으로 파악했으면 합니다.

나가타 그러고 보면 "도움이 되지 않으니까 문화입니다"라고 말하고 싶네요.

오스미 그 말 그대로입니다. 우리가 행하는 것은 기초연구이지만 일반적 견해로 기초과학은 응용과학에 대한 기초 분야라고 판단되는 경향이 강합니다. 물론 일부 기초과학이 응용과학의 기초적인 부분을 담당하기는 합니다. 하지만 기초과학이 중요하다고 말할 때 '응용을 위한 기초가 되니까 중요하다'고 말할 수는 없습니다. 응용과학의 바탕이 되기에 기초과학이 중요한 것이 아니라는 점을 반드시 이해했으면 합니다. 분명 새로운 기술이 있기에 새로운 과학이 생겨나는 측면이 크며, 지금은 양자의 관계가 점점 밀접해지고 있습니다. 하지만 과학과 기술은 근본적으로 다른 개념이라고 이해했으면 합니다.

기초과학이 중요하다고 할 때 응용과학의 바탕이 되기에 중요한 것이 아니라는 점을 알았으면 합니다. 과학과 기술은 근본적으로 다른 개념이라는 것을 이해하면 좋겠습니다.

나가타 일반인이 그 점을 이해하기 어렵다면 그것은 우리 과학자에게도 책임이 있습니다. 기초과학을 하는 사람이 일종의 '변명'으로 "장래, 응용과학으로 이어질 수도 있기에…"라고 스스로 말하는 경우가 있습니다. 예를 들어 연구비 신청서에 그런 항목을 적는 칸이 있어 어쩔 수 없는 면도 있지만 말이죠. 연구 성과의 보도자료를 쓸 때도 반드시 신문기자로부터 "이 연구는 어디에 도움이 되나요?"라는 질문을 받습니다. 어쩔 수 없이 이런저런 부분에 도움이 될 '가능성'이 있다는 말로 어물쩍 넘기지만 이것이 좋지 않은 것일지도 모릅니다. "응용으로 이어지지 않는 기초연구는 아무 가치도 없는가?"라고 묻는다면 전혀 그렇지는 않지요. 이것을 아는 것이 중요합니다.

오스미 연구비 배분에 있어 응용성 있는 성과가 중시되어 왔다는 점은 지금까지도 논의했지만 이것이 연구자의 의식에도 침투한 것처럼 느껴집니다. 과학 연구의 성과가 장래 다양한 기술의 전개에 도움이 될 수 있다는 점은 분명하지만 저는 제 연구가 암이나 신경 변성의 이해로 이어진다고 의식하며 연구를 시작한 것은 아닙니다. 지금의 오토파지를 둘러싼 의료 응용의 확대는 그 후 연구자들의 노력 덕분이라고 생각합니다. 저 자신의 연구 목적은 어디까지나 오토파지의 분자 기구를 밝혀내는 것일 뿐 그것으로 다양한 병을 극복할 수 있다는 가능성을 지나치게 강조해서는 안 된다고 생각합니다.

노벨 생리학·의학상의 영어 표기는 Nobel Prize in Physiology or Medicine입니다. 중요한 것은 and가 아니라 or라는 점입니다. 애초에 노벨상은 다이너마이트의 발명으로 큰 자산을 남긴 실업가 알프레드 노벨의 유언으로 시작했습니다. 생리학·의학상에서는 명확히 생리학이라는 기초과학과, 의학이라는 응용과학에 대한 공헌을 구별하고 있습니다. 물론 어느 쪽이 뛰어난가 겨루는 문제는 아닙니다. 오토파지가 현재 암이나 다양한 의료에 관련되어 있다는 점은 틀림없는 사실이지만 저 자신은 '의학상'이 아니라 '생리학상'을 받았다고 생각합니다. 과학의 진보에 의해 새로운 기술이 태어나는 것은 분명 기쁜 일입니다. 지금까지 노벨상의 대상이 된 연구를 이 같은 견해로 파악하면 달리 보이는 부분이 있을 것입니다.

나가타 그렇군요. 깊이 생각해 볼 필요도 없이 '영원히 도움이 되지 않는 것'도 분명 많이 있을 것입니다. 1장에서도 말했지만 사람의 몸 안에 있는 세포의 개수는 전에는 60조 개라고 했지만 2013년에 실제로는 37조 개라는 논문이 나왔습니다. 저는 이 논문을 보고 다양한 의미로 감격했는데 감격 중 하나는 60조 개가 37조 개가 되었다고 해서 대체 누가 이득을 볼까 하는 점입니다(웃음). 누군가 이득을 얻거나 특정 산업에 도움이 되는 일도 없습니다. 하지만 어딘가에 진짜 숫자, 보다 진리에 가까운 숫자가 있다면 아무 도움이 되지 않더라도 그 숫자를 알고 싶다는 욕구가 인간에게는 있습니다. 저는 그것을 소중히 여기고 싶고, 그런 알고 싶다는 욕구에서야말로 과학에 대한 신뢰와 과학의 희망을 엿볼 수 있을 것 같습니다.

오스미 여기에서 새삼 기초과학이란 무엇인지 정의해 보고 싶습니다.

인간에게는 어딘가에 진리에 더 가까운 숫자가 있다면 도움이 되지 않더라도 그 숫자를 알고 싶다는 욕구가 있습니다. 저는 그 욕구를 소중히 여기고 싶습니다.

'도움이 된다'는 발상에서 벗어나 지적 호기심에서 나오는 것이 기초과학입니다. 우주의 끝은 어떻게 되어 있을까, 물질의 근원은 무엇일까, 원자의 구조는 어디까지 나눌 수 있을까, 생명은 어떻게 연속성을 유지하고 있을까 같은 물음은 '도움이 되어야 한다'는 동기에서는 태어날 수 없습니다.

그럼에도 이들 하나하나의 물음에 대한 답은 지식 체계로서 인류에 공헌하고 있습니다. 고전역학은 천체의 움직임을 아는 데 결정적인 역할을 했으며 유전 법칙의 발견과 분자생물학의 발전은 우리의 생명관에 큰 변화를 가져다주었습니다. 많은 사람이 '도움이 되어야 한다'는 평가 기준만으로 과학을 바라보기 때문에 혼란이 생겨납니다. 기초과학은 처음부터 '도움이 되니까'라는 동기로 행하는 것이 아니라 지적 호기심에 기초한 활동입니다.

사회에는 다양한 사람이 있습니다. 말할 필요도 없이 모든 사람

> **'도움이 되어야 한다'는 평가 기준만으로 과학을 보기 때문에 혼란이 생깁니다. 기초과학은 '도움이 되니까'라는 동기가 아니라 순수한 지적 호기심에 기초한 활동입니다.**

이 과학자이어야 할 필요는 없습니다. 모두가 과학자가 되는 일도 있을 수 없습니다. 다만 과학자와 같은 사람들이 사회에 필요하다는 사실을 인정하는 사회여야 할 것입니다. 이런 사회가 성립하기 위해서는 어떤 의미에서는 자유가 필요합니다. 자유롭게 발상하고 생각하면서 문제를 해결하고 싶다는 강한 마음을 품는 사람이 사회에 있어야 합니다. 미래 사회에는 이런 사람이 필요하다는 기본자세가 중요합니다.

나가타 바꿔 말하면 과학자 외의 사람들도 과학자의 일을 함께 재미있다고 느꼈으면 합니다. '과학자가 이런 것을 발견했네? 이런 말을 하네?' 그것을 보고 재미있다고 함께 즐기며 느끼는 사람이 많을수록 좋습니다. 그런 사람이 많아지면 '도움이 된다, 되지 않는다'가 아닌 다른 가치관이 세상에 퍼지겠죠.

도움이 되지 않더라도 모두가 재미있어할 수 있다면 사회의 풍족함으로 이어집니다. 아무런 도움이 되지 않지만 그것을 하나 알게 됨으로써 생활이 풍족해지거나 세상을 보는 관점이 바뀌는 경험은 실제로 많이 있죠. 흔히 말하듯이 대개의 것은 쓰면 쓸수록 줄지만 세상에는 쓰면 쓸수록 늘어나는 것이 있습니다. 바로 지식입니다. 그런 기쁨을 많은 사람이 실감할 수 있는 사회였으면 합니다.

예를 들어 예술가인 오카모토 다로는 무척이나 괴짜입니다. 그래도 모두가 오카모토 다로라는 사람을 좋아했습니다. 그런 방식이 오스미 씨가 말하는 '문화'겠죠. 이것은 딱히 사회에 도움이 되거나 금전적인 이익을 낳지는 못합니다. 그저 모두가 하나 되어 기뻐하고 즐길 수 있는 것이야말로 문화입니다.

그런 활동에 대한 투자도 중요합니다. 지금 정부는 도움이 되는 것에 대한 자금 투입을 적극적으로 행하는 한편, 도움이 될 것 같지 않은 기초과학 연구비에는 손을 대지 않는 상황입니다. 납세자에 대한 설명 책임을 다할 수 없다는 이유로 말이죠. 이래서는 큰 문제입니다.

더 중요한 것은 직접적인 이익을 낳지 못하더라도 지금 이 세상에서 생활하는 사람들이 함께 즐길 수 있는 세계에 과학을 놓아두는 일입니다. 그것이 바로 돈으로 대체할 수 없는 풍족함을 사람들에게 선사하는 일이 됩니다. 영화, 미술, 시, 노래가 해내고 있는 것과 마찬가지의 것을 과학도 사회에 환원하고 있습니다. 많은 사람이 '과학이란 어려운 것이다, 고상한 것이다'

> **중요한 것은, 직접적인 이익을 낳지 못하더라도 이 세상에서 생활하는 사람들이 함께 즐길 수 있는 세계에 과학을 놓아두는 일입니다.**

라고 부담스럽게 생각하고 있습니다. 이것은 바람직하지 않습니다.

과학자의 발상과 물음을 일반인에게 되돌리고, 모두가 함께 생각하면 과학은 이렇게 재미있는 것이라는 사실을 알게 하는 것은 우리 과학자의 책임이기도 합니다. 정부가 기초연구에 돈을 대지 않는다며 분통을 터뜨리기는 하지만 과학자에게도 책임은 있습니다.

오스미 '문화'라는 것을 알기 쉽게 말하자면 나가타 씨가 자주 하는 이야기가 있지요.

나가타 육상경기의 남자 100미터 달리기에서 일본 선수가 10초 이내에 들어오면 톱뉴스가 되지요. 하지만 이것이 어디에 도움이 되는가 하면 아무런 도움도 되지 않습니다. 야구팀 한신 타이거즈를 응원하는 사람은 한신이 이기면 기쁩니다. 그것을 보고 '무엇이 기쁜 거지?' 하면서 '어째서'를 묻는 사람은 없습니다. 스포츠는 문화로 뿌리 내려 있기에 아무도 그런 것을 문제 삼지 않습니다.

오스미 노벨상을 같은 판에 올려 논의해도 좋을지 모르지만 일본인이 노벨상을 받아 많은 사람이 기쁘다고 생각하는 감각이나 소행성 탐사선 하야부사가 세계 최초로 지구 중력권 바깥의 천체 표면에 착륙하고 돌아왔다는 사실에 많은 사람이 박수를 보내는 감각은 비슷합니다. 그것이 사람들의 생활에 실질적인 도움이 된다고는 아무도 생각하지 않습니다. '이 음악을 듣는 행위는 돈으로 환산하면 ○○엔이다'라고 생각하며 음악을 듣는 사람은 아무도 없는 것과 마찬가지입니다. 과학도 간단히 돈으로 환산할 수 없는 세계라는 점을 받아들였으면 합니다. '과학을 문화로'라고 말하는 것은 이런 의미구나 하고 조금 더 이해해주면 기쁘겠네요. 과학의 평가 기준은 무언가에 도움이 되는가의 여부가 아니라는 점을 알게 될 테니까요.

'오스미재단'이라는 사회 실험

오스미 앞서 나가타 씨가 말한 것처럼 사회를 대상으로 한 과학자의 설명이 부족하다는 의견에 대해 조금 논의해 보고 싶습니다. 예산을 따내려면 과학자 출신 의원을 국회에 보내야 한다거나 문부과학성에 박사 학위 소지자가 늘어야 한다는 식의 이야기를 많이들 하지만 그로부터 앞으로 나아가지 못하는 현실은 점점 심해지고 있습니다. 미국에서는 과학자가 로비 활동을 벌이거나 노벨상 수상자가 모여 정부에 빈번히 제언을 한다고 합니다. 저 역시 "노벨상 수상 학자들을 한데 모아 무언가를 하면 어떤가요"라는 말을 종종 듣는데 노벨상 학자들이 모두 같은 의견을 가지고 있다고 단정할 수도 없어 지금은 그다지 적극적인 마음은 들지 않습니다. 일본의 과학자는 아직껏 명확한 의견을 내세운 뒤 그것을 실현한 성공 체험이 별로 없습니다. 과학자가 자기 분야를 벗어나 과학을 둘러싼 사회적인 과제에 명확한 의사 표시를 하는 자세는 오히려 최근에 더 약해지고 있는 것 같기도 합니다.

나가타 과학자 단체라고 하면 각 학회나 그 수장으로서 일본학술회의가 그런 역할을 담당하고 있지만 좀처럼 힘을 내지 못합니다. 그런 가운데 오스미 씨가 설립한 오스미재단(정식명칭은 '공익재단법인 오스미기초과학창성재단')은 과학자가 정부의 돈에만 의지하지 않는 하나의 길을 제시하고 있습니다. 기업인뿐 아니라 일반인으로부터도 기부금을 모금해 그들이 과학에 관여하게 하는 일이 무척 중요합니다. 스스로 돈을 내면 어떻게 사용되는지 관심을 갖게 되니까요.

오스미 오스미재단의 설립 취지로도 내걸고 있지만 저는 우리 재단을 '새로운 사회실험'으로 선언하고 있습니다. 그렇지만 새로운 시도이므로 결코 실패해서는 안 된다고 생각하지 않습니다. 몇 년이 지나 '아무리 애써도 해결되지 않았다'는 결과가 나와도 그것은 하나의 교훈이 되리라 생각합니다. 큰 재산을 갖지 못한 재단을 어떻게든 지속하려고 원칙 없이 기부금을 모아도 변혁으로 이어지지 않습니다. 어디까지나 기초과학의 이해와 진흥을 목적으로 삼는 것이 제 의도이기 때문입니다.

나가타 오스미재단의 커다란 목적은 기업과 개인으로부터 모은 자금을 젊은 연구자에게 지원하는 것이지만 기부금을 통해 과학이 문화로 뿌리내릴 가능성도 열려 있으며 여기에도 큰 의미가 있습니다. 실제로 활동이 시작되어 4년이 지났는데 정치가에 대한 로비 활동과는 완전히 다른 방법이지만 무척이나 중요한 활동입니다.

오스미 제 생각을 하나 더 말하자면 일본 사회 전체에 폐색감이 만연한 점과 대학 연구자들을 위주로 이런 현상이 점점 심화되어 가는 점을 볼 때 젊은이들이 더욱 활기 넘치는 사회이기를 바랍니다. 사회 전체가 정체되어 있다면 연구자가 행복하고 발랄하게 지내는 일도 결코 있을 수 없습니다.

과학도 사회 속에 있습니다. 과학자가 품은 문제는 일본 사회 전체가 품고 있는 문제이기도 하다는 인식이 확산되었으면 합니다. 모두가 뛰어나다고 생각하는 학생이 대학원에 진학하지 않고 학사로 졸업하는 실정입니다. 그런 인재들이 기업으로 가니까 기업이 싱글벙글하고 있는가 하면 꼭 그렇지도 않습니다. 즉, 어딘가에서 단추가 잘못 끼워져 사람의 능력을 제대로 살리지 못하는 시스템이 자리 잡은 것입니다. 요즘은 대학이 품은 문제를 사회도 똑같이 품고 있습니다. 그렇기에 대학을 풍족하게 하면 사회도 풍족해진다는 생각을 이해해 주는 기업인도 많이 있습니다. 이 점을 알게 된 것이 저의 중요한 동기가 되고 있습니다.

지금 기업 활동도 세계화가 이어지고 있으며, 다수의 외국인을 채용하는 등의 방식으로 기업인의 의식에도 큰 변화가 엿보이고 있습니다. 일본의 연구력 저하 문제, 현재의 시스템으로는 일본의 장래가 우려된다는 위기의식을 공유하는 사람도 많이 있습니다.

경제적인 측면에서 다양한 가치를 측정하는 현대에서 과학이 문화가 된다면 결과적으로 일본의 국제 경쟁력도 상승하지 않을까 생각합니다. 얼마나 많은 젊은이가 의욕적으로 자신의 장래를 생각하고 미래 사회에 진지하게 마주하는가가 일본 사회의 미래를 측정하는 바로미터입니다. 과학자라면 스스로 문제를 찾아 의욕적으로 연구해나가는 사람이 늘면 좋겠습니다. 기업에서 새로운 것을 생각하고 실현해나가는 것도 마찬가지입니다. 반복해 말하지만 과학도 인간 활동의 하나이므로 전체 사회와 별개로 과학자만이 자유를 누리는 일은 결코 있을 수 없습니다.

단순히 경제적 풍족함을 바라는 것이 아니라 사회 전체가 정신적 여유를 갖추는 것이 과학자가 자유롭고 즐겁게 연구하는 데 있어 중요합니다. 이것이 과학을 친근하게 느끼고 진리를 존중하는 사회로 이어지는 길이 아닐까요.

> **과학도 인간 활동의 하나이므로 사회와 별개로 과학자만이 자유를 누리는 일은 없습니다. 사회 전체가 정신적 여유를 갖추는 것이 과학자가 자유롭고 즐겁게 연구하는 데 중요합니다.**

추천사

진정 과학자여서 행복합니다

백성희(서울대학교 자연과학대학 생명과학부 교수)

"과학만큼 즐거운 직업은 없다." 목차의 첫 제목부터 고개를 끄덕이게 하는 매력적인 문구입니다. 그러면서도 과학이 꼭 직업과 연결되는 것은 아닌, 그 이상의 가치를 지녔음을 생각하게 합니다. 이 책은 오토파지(자가포식) 분야로 2016년 노벨생리학·의학상을 단독 수상한 일본 도쿄 공업대학 오스미 요시노리 명예교수가 나가타 가즈히로 교수와 함께 미래세대 과학자들에게 보내는 주옥같은 메시지를 담고 있습니다. 미래세대 과학도들이 읽어보면 많은 생각과 함께 감동을 받을 만한 훌륭한 경험에서 우러난 귀한 말씀들이 여럿 실려 있습니다.

20년째 서울대에서 학생들을 가르치고 있는 나는 아직도 수업 중에 학생들에게 오스미 교수님의 일화를 이야기하곤 합니다. 내가 대학원생

때 일본 연구자들과 국제 공동연구를 수행할 기회가 있었습니다. 그때 일본에서 한 우물을 파는 느낌으로 묵묵히 오토파지를 연구하시던 오스미 교수님을 생생히 기억합니다. 다른 학회에서 흔히 들을 수 없는 독창적인 연구, 유행을 좇는 연구가 아닌 독보적인 연구를 하는 분이란 생각이 들었습니다. 하지만 신기하게도 화려한 스포트라이트를 받았던 기억은 나지 않습니다. 나는 2023년 일본 삿포로에서 개최된 오토파지 학회에 참석해 거의 20년 만에 오스미 교수님과 재회할 수 있었습니다. 오스미 교수님이 1세대라면 그 연구를 이어받은 2세대 제자들뿐 아니라 3세대 연구자들까지 함께 모여 오토파지 연구를 발표하는 학회였습니다. 그곳에서 오스미 교수님은 노벨상 수상 전후가 다를 바 없이 묵묵히 학회장 맨 앞자리에 앉아 모든 연구 발표에 귀를 기울이며 질문하고 조언을 주셨습니다. 얼마나 뿌듯한 느낌을 가지셨을까, 연구자로서 자신의 연구를 단초 삼아 학파를 꾸릴 수 있다는 점은 정말로 부러운 부분이 아닐 수 없습니다.

 이 책은 '과학은 이미 완성된 것을 배우는 것이 아니라 지금 행해지고 있는 현재진행형의 인간 활동이다'라는 메시지를 전하고 있습니다. 지금도 끊임없이 변화하고 발전하기에 정적이라기보다 역동적인 것이 과학입니다. 따라서 현재 사실로 믿는 것이 미래의 새로운 기술로 인해 사실이 아니게 될 수도 있고, 긍정적이고 부정적인 어느 측면으로든 진화할 수 있는 정직한 학문이 과학입니다. 그렇기에 과학 연구자는 자신의 연구 대상에 애정을 갖고 최대한 그 순간에 성실히 임해야 할 것입니다. 동시에 그때는 맞았지만 지금은 틀릴 수 있다는 점을 인정하는 유연성도 필요합니다. 생명 현상은 정적이기보다 역동적인 현상이 많으므로 그런 측면에서도 과학은 무한한 가능성을 지니고 있으며, 앞에서 묵묵히 길을 개척하고 만들어가는 기초학문이 과학이라고 할 것입니다.

이 책이 짚고 있는 또 하나의 지점은 지금은 과학이 '사회에 도움이 되는가 되지 않는가'의 기준에 매여 연구자들에게 부담을 주면서 그들을 구속하고 있다는 점입니다. 그러나 두 저자는 과학은 이보다 훨씬 자유롭고 즐거운 활동이라는 점을 알리고자 합니다. 코로나19와 같은 팬데믹을 겪으며 우리는 사회 문제를 해결하는 '문제 해결형 과학'에 더 큰 관심을 갖게 되었습니다. 물론 사회 문제를 해결하는 실용성도 과학의 중요한 덕목입니다. 그렇지만 당장은 쓸모없어 보이고 실용성이 적어 보이는 기초학문이 갖는 힘은 결코 무시할 수 없습니다. 기초과학은 우리가 생각하는 것보다 훨씬 강하고 지속적이며 커다란 영향력을 갖습니다. 현재는 별로 중요하지 않거나 쓸모없어 보여도 언젠가 그 가치를 폭발적으로 발휘하는 귀중한 연구임을 알아보며 긴 호흡으로 장기적인 투자를 해야 할 것입니다. 무엇보다 "과학 연구가 당장 사회에 도움이 되어야 한다는 속박에서 벗어나 마음 가는 대로 자신의 호기심을 추구하라"는 것이 이 책이 전하는 주요 메시지입니다. 미래세대에게 보내는 두 원로 과학자의 애정 어린 충고와 격려가 담긴 이 책은 처음부터 끝까지 잔잔한 감동을 전하고 있습니다.

나 역시 대학에서 미래의 생명과학도들을 가르치고 있지만 미래세대가 교과서의 지식을 이해하는 데 머무르는 것을 넘어 과학이 갖고 있는 무한한 가능성을 일깨워 주고자 늘 노력합니다. 미래세대가 큰 꿈을 갖고 중요한 질문을 던지고 재미를 느끼고 역량을 발휘할 수 있는 분야가 기초과학이 아닐까 굳게 믿습니다. 특히 공저자인 나가타 가즈히로 교수님의 말씀 가운데 크게 공감하는 부분은 '과학자는 낙관주의자여야 한다'는 것입니다. "과학자는 얼마나 실패를 거듭했는가에 따라 과학자로서 어디까지 성장할 수 있는가가 결정된다. 실패에 기가 죽는 사람은 과학자에 어울리지 않는다"는 말씀에 크게 공감하였습니다. 실패에 굴하지 않는 두둑한 뱃심을 가진 연구자가 현실적으로 얼마나 존재할까요? 당장 연구비가 끊기는 사정을 걱정해야 하는 현실도 있을 것입니다. 그러나 과학자는 자신의 연구가 얼마나 중요한지 본인 스스로 너무도 잘 알고 있습니다. 따라서 독창적이고 근성 있는 연구에 대해서는 지속적인 연구비 지원이 무엇보다 필요하고 중요합니다. 이것은 미래를 위한 커다란 가치 투자입니다.

　이 책은 실제로 바닥에서 시작해 정상에 오른 두 노교수의 후학들을 위한 경험에서 우러난 진심 어린 충고와 애정이 넘치는 격려를 담고 있습니다. 책의 첫 장을 넘기는 순간, 수십 년 전 학생의 마음으로 돌아가 두 노교수의 말씀에 고개를 끄덕이고 공감하며 읽고 있는 나의 모습을 보았습니다. 이 책을 읽는 미래의 과학도들과 현재진행형인 과학도들이 더 큰 꿈과 희망을 갖고 세상을 향해 큰 목소리로 자신 있게 외쳤으면 합니다. "진정 과학자여서 행복합니다"라고 말입니다.

옮긴이 **구수영**
고려대학교 법학과를 졸업하고, 일본어 전문 번역가로 활동 중이다. 옮긴 책으로는 『명탐정의 제물』, 『호박의 여름』, 『관찰력 기르는 법』, 『디자인, 이렇게 하면 되나요?』, 『단단한 지식』 등이 있다.

미래의 과학자들에게

1쇄 발행 2024년 3월 15일

지은이 오스미 요시노리, 나가타 가즈히로
옮긴이 구수영
펴낸곳 마음친구
펴낸이 이재석
전화 031-478-9776
팩스 0303-3444-9776
이메일 friendsbook@naver.com
블로그 blog.naver.com/friendsbook
출판신고 제385-251002010000319호

ISBN 979-11-91882-10-0(03470)

한국어판 출판권 ⓒ 마음친구, 2024
마음 맞는 책 친구 **마음친구** 입니다.

* 이 책은 저작권법에 따라 보호를 받는 저작물이므로 무단 전재와 복제를 금하며,
  책 내용의 일부를 재사용하려면 반드시 출판사의 동의를 얻어야 합니다.